Concis de maths terminale maths expertes

Jean Peyre, Concis de maths terminale maths expertes.

Paperback Edition July 2020

Copyright © 2020 by the author. All rights reserved.

# Concis de maths terminale maths expertes

*Jean Peyre*

ÉDITIONS DUCOURT

# Table des matières

**Algèbre et géométrie**    1
    1    Combinatoire . . . . . . . . . . . . . . . . . . . . . . . . . . . 3
    2    Vecteurs droites et plans . . . . . . . . . . . . . . . . . . . . 7
    3    Orthogonalité et distances . . . . . . . . . . . . . . . . . . . 11
    4    Représentations paramétriques . . . . . . . . . . . . . . . . . 15

**Analyse**    17
    5    Suites . . . . . . . . . . . . . . . . . . . . . . . . . . . . . . . 19
    6    Limites de fonctions . . . . . . . . . . . . . . . . . . . . . . . 23
    7    Dérivation . . . . . . . . . . . . . . . . . . . . . . . . . . . . . 27
    8    Continuité des fonctions . . . . . . . . . . . . . . . . . . . . . 29
    9    Trigonométrie . . . . . . . . . . . . . . . . . . . . . . . . . . . 31
   10    Fonction logarithme népérien . . . . . . . . . . . . . . . . . . 35
   11    Primitives et équations différentielles . . . . . . . . . . . . . 39
   12    Calcul intégral . . . . . . . . . . . . . . . . . . . . . . . . . . 43

**Probabilité et statistiques**    47
   13    Loi binomiale . . . . . . . . . . . . . . . . . . . . . . . . . . . 49
   14    Loi des grands nombres . . . . . . . . . . . . . . . . . . . . . 51

**Mathématiques expertes**    55
   15    Nombres complexes . . . . . . . . . . . . . . . . . . . . . . . 57
   16    Équations polynomiales . . . . . . . . . . . . . . . . . . . . . 63
   17    Divisibilité congruence . . . . . . . . . . . . . . . . . . . . . . 65
   18    PGCD et nombres premiers . . . . . . . . . . . . . . . . . . . 67
   19    Matrices . . . . . . . . . . . . . . . . . . . . . . . . . . . . . . 69
   20    Graphes . . . . . . . . . . . . . . . . . . . . . . . . . . . . . . 73
         Une humble requête . . . . . . . . . . . . . . . . . . . . . . . 75

# Chapitre 1

# Algèbre et géométrie

# 1 Combinatoire

**Définition 1.1** *Soit $N$ un entier naturel. Lorsqu'un ensemble $A$ a $N$ éléments, on dit que $A$ est un ensemble fini. Le nombre $N$ d'éléments de $A$ est appelé cardinal de $A$, noté*

$$\text{Card}(A) = N$$

**Propriété 1.1** *On considère*

$$A_1, A_2, \ldots, A_n$$

*$n$ ensembles finis deux à deux disjoints. On a*

$$\text{Card}\,(A_1 \cup A_2 \cup \ldots \cup A_n) = \text{Card}\,(A_1) + \text{Card}\,(A_2) + \ldots + \text{Card}\,(A_n)$$

**Corollaire 1.1** *On considère $B$ une partie d'un ensemble $E$ fini et $\bar{B}$ le complémentaire de $B$ dans $E$. On a :*

$$\text{Card}(\overline{B}) = \text{Card}(E) - \text{Card}(B)$$

**Définition 1.2 Produit cartésien** *Soient $A$ et $B$ sont deux ensembles non vides. On appelle produit cartésien de $A$ par $B$, noté*

$$A \times B$$

*l'ensemble des couples $(x;y)$ avec $x \in A$ et $y \in B$. Si $A$ et $B$ sont finis, on a*

$$\text{Card}(A \times B) = \text{Card}(A) \times \text{Card}(B)$$

**Définition 1.3 *t*-uplets** *Soient*

$$A_1, A_2, \ldots, A_n$$

*des ensembles non vides avec $n \geq 2$.*
- *Toute liste ordonnée $(x_1; x_2; \ldots; x_n)$, avec $x_i \in A_i$ pour $i$ allant de 1 à $n$, est appelée k-uplet (ou k-liste).*
- *L'ensemble de ces k-uplets est le produit cartésien*

$$A_1 \times A_2 \times \ldots \times A_n$$

- *Si les ensembles $A_1, A_2, \ldots, A_n$ sont finis :*

$$\text{Card}\,(A_1 \times A_2 \times \ldots \times A_n) = \text{Card}\,(A_1) \times \text{Card}\,(A_2) \times \ldots \times \text{Card}\,(A_n)$$

**Définition 1.4** *Si $A$ est un ensemble non vide, un n-uplet (ou n-liste) d'éléments de $A$ est un élément du produit cartésien :*

$$A^n = A \times A \times \ldots \times A \quad (n \text{ facteurs})$$

**Théorème 1.1** *Soit $A$ un ensemble fini tel que*

$$\text{Card}(A) = n > 0$$

*Le nombre de k-uplets de $A$ est $n^k$*

$$\text{Card}\left(A^k\right) = n^k$$

**Théorème 1.2** *Soit $A$ un ensemble fini tel que*

$$\text{Card}(A) = n > 0$$

*et $p$ un entier naturel tel que $1 \leqslant k \leqslant n$. Le nombre de p-uplets d'éléments deux à deux distincts de $E$ est :*

$$n(n-1)\ldots(n-p+1)$$

**Définition 1.5** **Permutation** *On appelle permutation d'un ensemble $E$ à $n$ éléments tout n-uplet d'éléments deux à deux distincts de $E$.*

**Théorème 1.3** **Factorielle** *Le nombre de permutations d'un ensemble à $n$ éléments ($n \geqslant 1$) est le nombre $n!$ ("factorielle n" ou "n factorielle"), défini par :*

$$n! = n \times (n-1) \times (n-2) \times \ldots \times 2 \times 1$$

**Définition 1.6** *Soient $A$ et $B$ deux ensembles. On dit que $A$ est inclus dans $B$ (ou que $A$ est un sous-ensemble de $B$, ou que $A$ est une partie de $B$) si tous les éléments de $F$ sont éléments de $E$. On note*

$$A \subset B$$

**Théorème 1.4** *Le nombre de parties d'un ensemble à $n$ éléments est $2^n$, c'est-à-dire le nombre de n-uplets de l'ensemble $\{0;1\}$.*

**Définition 1.7** *Soient $n$ et $p$ deux entiers tels que $0 \leqslant p \leqslant n$ et $A$ un ensemble fini de cardinal $n$. On appelle combinaison de $p$ éléments de $A$ toute partie de $A$ ayant $p$ éléments.*

**Propriété 1.2** *Soient $n$ et $p$ deux entiers naturels tels que $0 \leqslant p \leqslant n$. Le nombre de combinaisons de $p$ éléments d'un ensemble à $n$ éléments, noté*

$$\binom{n}{p}$$

*est donné par*

$$\binom{n}{p} = \frac{n(n-1)\ldots(n-p+1)}{p!} = \frac{n!}{(n-p)!p!}$$

**Propriété 1.3** *Soit $n$ un entier naturel.*

$$\binom{n}{0} = 1$$

*Il existe une seule partie à 0 élément : la partie vide.*

$$\binom{n}{1} = n$$

$$\binom{n}{2} = \frac{n(n-1)}{2}$$

$$\binom{n}{n} = 1$$

*Il y a une seule partie à $n$ éléments : l'ensemble en entier.*
*Pour tous entiers $n$ et $k$ vérifiant $0 \leqslant k \leqslant n$,*

$$\binom{n}{p} = \binom{n}{n-p}$$

*Dénombrer les parties à $p$ éléments revient à dénombrer les parties à $(n-p)$ éléments qui en sont les complémentaires.*

**Propriété 1.4** *Pour tout entier $n$,*

$$\sum_{p=0}^{n} \binom{n}{p} = 2^n$$

**Théorème 1.5 *Relation de Pascal*** *Pour tous entiers $n \geqslant 2$ et $p$ vérifiant*

$$1 \leqslant p \leqslant n-1$$

*on a*

$$\binom{n}{p} = \binom{n-1}{p-1} + \binom{n-1}{p}$$

## 2 Vecteurs droites et plans

**Définition 2.1** *Soient $A$ et $B$ deux points de l'espace. On associe le vecteur $\overrightarrow{AB}$ à la translation qui transforme $A$ en $B$. Deux vecteurs $\overrightarrow{AB}$ et $\overrightarrow{CD}$ sont égaux si et seulement si $ABDC$ est un parallélogramme (éventuellement aplati). On peut alors noter :*

$$\vec{u} = \overrightarrow{AB} = \overrightarrow{CD}$$

$\overrightarrow{AB}$ et $\overrightarrow{CD}$ *sont des représentants du vecteur $\vec{u}$.*

**Théorème 2.1** *Soient $\vec{u}$ un vecteur et $O$ un point de l'espace. Il existe un unique point $M$ tel que $\overrightarrow{OM} = \vec{u}$. On appelle $\overrightarrow{OM}$ le représentant de $\vec{u}$ d'origine $O$.*

**Définition 2.2** *Soient $\vec{u}$ et $\vec{v}$ deux vecteurs de l'espace de représentants respectifs $\vec{u} = \overrightarrow{AB}$ et $\vec{v} = \overrightarrow{AC}$. La somme des vecteurs $\vec{u}$ et $\vec{v}$ est le vecteur noté $\vec{u} + \vec{v}$ de représentant $\overrightarrow{AD}$ tel que $ABDC$ soit un parallélogramme.*

**Propriété 2.1** **Relation de Chasles** *Pour tous points $A, B$ et $C$ de l'espace,*

$$\overrightarrow{AB} + \overrightarrow{BC} = \overrightarrow{AC}$$

**Définition 2.3** *On considère $\vec{v}$ un vecteur non nul et $a$ un réel non nul. Le vecteur $a\vec{v}$ a les propriétés suivantes*
— *$a\vec{v}$ a la même direction que $\vec{v}$*
— *$a\vec{v}$ a le même sens que $\vec{v}$ si $a > 0$, le sens contraire de $\vec{v}$ si $a < 0$ ;*
— *$a\vec{v}$ a pour norme $|a| \times \|\vec{v}\|$*
*$0$ et $\vec{0}$ sont absorbants*

$$0\vec{u} = k\vec{0} = \vec{0}$$

**Propriété 2.2** *On considère $\vec{u}$ et $\vec{v}$ deux vecteurs de l'espace et $p$ et $q$ deux réels.*

$$p\vec{u} = \vec{0} \Leftrightarrow \{p = 0 \text{ ou } \vec{u} = \vec{0}\}$$

$$p(q\vec{u}) = pq\vec{u}$$

$$(p+q)\vec{u} = p\vec{u} + q\vec{u}$$

$$p(\vec{u}+\vec{v}) = k\vec{u} + k\vec{v}$$

**Définition 2.4** ***Vecteurs colinéaires*** *On considère $\vec{u}$ et $\vec{v}$ deux vecteurs non nuls de l'espace. On dit que $\vec{u}$ et $\vec{v}$ sont colinéaires s'il existe un réel p tel que*

$$\vec{u} = p\vec{v}$$

*Le vecteur nul est colinéaire à tous les vecteurs.*

**Définition 2.5** *On considère deux points distincts de l'espace A et B. La droite $(AB)$ est l'ensemble des points M tels que $\overrightarrow{AM} = p\overrightarrow{AB}$, où $p \in \mathbb{R}$. On dit que $\overrightarrow{AB}$ est un vecteur directeur de la droite $(AB)$.*

**Définition 2.6** ***Vecteurs coplanaires*** *On considère $\vec{u}, \vec{v}$ et $\vec{w}$ trois vecteurs de l'espace tels que $\vec{u}$ et $\vec{v}$ ne sont pas colinéaires. $\vec{u}, \vec{v}$ et $\vec{w}$ sont coplanaires lorsqu'il existe deux réels p et q tels que*

$$\vec{w} = p\vec{u} + q\vec{v}$$

*On dit alors que $\vec{w}$ est une combinaison linéaire des vecteurs $\vec{u}$ et $\vec{v}$.*

**Définition 2.7** ***Base, repère*** *On dit que des points sont coplanaires s'il existe un plan qui contient ces points. Soient O, I et J trois points non alignés de l'espace. Le plan $(OIJ)$ est l'ensemble des points M tels que*

$$\overrightarrow{OM} = a\overrightarrow{OI} + b\overrightarrow{OJ}$$

*où $a \in \mathbb{R}$ et $b \in \mathbb{R}$.*
- *On dit que $\overrightarrow{OI}$ et $\overrightarrow{OJ}$ sont des vecteurs directeurs du plan $(OIJ)$*
- *$(\overrightarrow{OI}, \overrightarrow{OJ})$ est une base du plan $(OIJ)$*
- *$(A; \overrightarrow{AB}, \overrightarrow{AC})$ est un repère du plan $(OIJ)$*

**Propriété 2.3** *On considère $\vec{u}, \vec{v}$ et $\vec{w}$ trois vecteurs de l'espace tels que*

$$\begin{cases} \vec{u} = \overrightarrow{OA} \\ \vec{v} = \overrightarrow{OB} \\ \vec{w} = \overrightarrow{OC} \end{cases}$$

*$\vec{u}, \vec{v}$ et $\vec{w}$ sont coplanaires si et seulement si les points $O, A, B$ et $C$ sont coplanaires.*

**Définition 2.8** *On considère $d_1$ une droite de vecteur directeur $\vec{u_1}$ et $d_2$ une droite de vecteur directeur $\vec{u_2}$.*
- *$d_1$ et $d_2$ sont parallèles si et seulement si $\vec{u_1}$ et $\vec{u_2}$ sont colinéaires.*
- *$d_1$ et $d_2$ sont coplanaires si et seulement s'il existe un plan qui contient $d_1$ et $d_2$.*

**Propriété 2.4** *Soient $A, B, C$ et $D$ quatre points distincts de l'espace. Les droites $(AB)$ et $(CD)$ sont coplanaires si les points $A, B, C$ et $D$ sont coplanaires, c'est-à-dire s'il existe un plan les contenant tous.*

**Propriété 2.5** *Soient $d_1$ et $d_2$ deux droites*
— *$d_1$ et $d_2$ sont coplanaires si et seulement si elles sont sécantes ou parallèles.*
— *Si $d_1$ et $d_2$ sont non coplanaires, alors leur intersection est vide.*

**Définition 2.9** *Soient $d$ une droite et $P$ un plan*
— *$d$ est parallèle à $P$ si elle admet un vecteur directeur colinéaire à un vecteur directeur de $P$.*
— *Si $d$ n'est pas parallèle à $P$, alors elle a un unique point d'intersection avec $P$.*

**Définition 2.10**
— *Deux plans sont parallèles lorsqu'ils admettent un même couple de vecteurs directeurs non colinéaires.*
— *Deux plans non parallèles sont sécants suivant une droite. Lorsque deux plans sont parallèles, tout plan coupant l'un coupe l'autre et les droites d'intersection sont parallèles.*

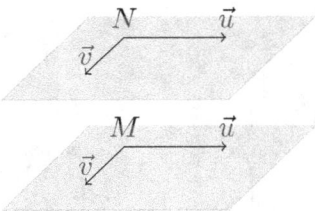

**Théorème 2.2** ***Théorème du toit*** *Soient $P_1$ et $P_2$ deux plans. Soient $d_1$ une droite incluse dans $P_1$ et $d_2$ une droite incluse dans $P_2$ telles que $d_1//d_2$. Si $P_1$ et $P_2$ sont sécants en une droite $\Delta$, alors $\Delta//d_1//d_2$*

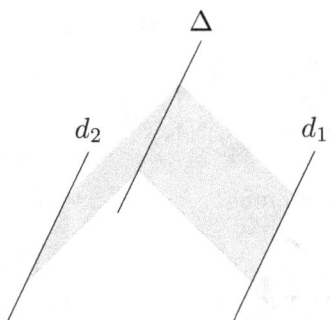

**Définition 2.11** *Tout triplet de vecteurs $(\vec{i},\vec{j},\vec{k})$ non coplanaires est une base de l'espace.*

**Propriété 2.6** *Soit $(\vec{i},\vec{j},\vec{k})$ une base de l'espace. Pour tout vecteur $\vec{u}$ de l'espace, il existe un unique triplet $(a;b;c)$ tel que*

$$\vec{u} = a\vec{i} + b\vec{j} + c\vec{k}$$

$(a;b;c)$ sont les coordonnées de $\vec{u}$ dans la base $(\vec{i},\vec{j},\vec{k})$ et on note

$$\vec{u}\begin{pmatrix}a\\b\\c\end{pmatrix}$$

**Définition 2.12** *Un repère de l'espace* $(O;\vec{i},\vec{j},\vec{k})$ *est formé d'un point $O$ et d'une base* $(\vec{i},\vec{j},\vec{k})$. *$O$ est appelé l'origine du repère.*

**Propriété 2.7** *Soit* $(O;\vec{i},\vec{j},\vec{k})$ *un repère de l'espace et $A$ un point de l'espace, il existe un unique triplet $(x;y;z)$ tel que*

$$\overrightarrow{OA} = x\vec{i} + y\vec{j} + z\vec{k}$$

$(x;y;z)$ sont les coordonnées de $A$ dans le repère $(O;\vec{i},\vec{j},\vec{k})$
— $x$ est l'abscisse de $A$
— $y$ est l'ordonnée de $A$
— $z$ est la cote de $A$

On note
$$A(x;y;z)$$

**Propriété 2.8** *Soit* $(O;\vec{i},\vec{j},\vec{k})$ *un repère de l'espace. Soient*

$$\vec{u_1}\begin{pmatrix}x_1\\y_1\\z_1\end{pmatrix} \quad et \quad \vec{u_2}\begin{pmatrix}x_2\\y_2\\z_2\end{pmatrix}$$

*deux vecteurs et $k$ un réel. Dans la base* $(\vec{i},\vec{j},\vec{k})$,

$$\vec{u_1} + \vec{u_2}\begin{pmatrix}x_1+x_2\\y_1+y_2\\z_1+z_2\end{pmatrix}$$

$$k\vec{u_1}\begin{pmatrix}kx_1\\ky_1\\kz_1\end{pmatrix}$$

$\vec{u_1}$ *et* $\vec{u_2}$ *sont colinéaires si et seulement si leurs coordonnées sont proportionnelles.*

**Propriété 2.9** *Soient* $(O;\vec{i},\vec{j},\vec{k})$ *un repère de l'espace et* $M(x_M;y_M;z_M)$ *et* $N(x_N;y_N;z_N)$ *deux points de l'espace. Le milieu $I$ du segment $[MN]$ a pour coordonnées*

$$I\left(\frac{x_M+x_N}{2};\frac{y_M+y_N}{2};\frac{z_M+z_N}{2}\right)$$

*et dans la base* $(\vec{i},\vec{j},\vec{k})$,

$$\overrightarrow{MN}\begin{pmatrix}x_N-x_M\\y_N-y_M\\z_N-z_M\end{pmatrix}$$

# 3 Orthogonalité et distances

**Définition 3.1** *Soient $\vec{u}$ et $\vec{v}$ deux vecteurs de l'espace. $A, B$ et $C$ trois points tels que $\vec{u} = \overrightarrow{AB}$ et $\vec{v} = \overrightarrow{AC}$. Il existe un plan $P$ contenant $A$, $B$ et $C$. On appelle produit scalaire de $\vec{u}$ et $\vec{v}$, noté $\vec{u} \cdot \vec{v}$, le produit scalaire $\overrightarrow{AB} \cdot \overrightarrow{AC}$ dans le plan $P$.*

**Propriété 3.1** *Soient $A, B$ et $C$ trois points de l'espace, $B$ et $C$ étant distincts de $A$. Si les vecteurs $\vec{u}$ et $\vec{v}$ sont tels que $\vec{u} = \overrightarrow{AB}$ et $\vec{v} = \overrightarrow{AC}$, alors :*

$$\vec{u} \cdot \vec{v} = \|\vec{u}\| \times \|\vec{v}\| \times \cos(\widehat{BAC}) = AB \times AC \times \cos(\widehat{BAC})$$

*Soit $H$ le projeté orthogonal de $C$ sur la droite $(AB)$. Si $\overrightarrow{AB}$ et $\overrightarrow{AH}$ ont le même sens on a*

$$\overrightarrow{AB} \cdot \overrightarrow{AC} = AB \times AH$$

*sinon*

$$\overrightarrow{AB} \cdot \overrightarrow{AC} = -AB \times AH$$

**Propriété 3.2** *Soient trois vecteurs $\vec{u}, \vec{v}$ et $\vec{w}$ et $k$ un nombre réel. On a :*

$$\vec{u} \cdot \vec{v} = \vec{v} \cdot \vec{u} \text{ (symétrie)}$$

$$\vec{u} \cdot (\vec{v} + \vec{w}) = \vec{u} \cdot \vec{v} + \vec{u} \cdot \vec{w} \quad \text{(bilinéarité)}$$

$$\vec{u} \cdot (k\vec{v}) = (k\vec{u}) \cdot \vec{v} = k(\vec{u} \cdot \vec{v}) \quad \text{(bilinéarité)}$$

**Propriété 3.3** *Identités remarquables Soient deux vecteurs $\vec{u}$ et $\vec{v}$.*

$$\|\vec{u} + \vec{v}\|^2 = \|\vec{u}\|^2 + 2\vec{u} \cdot \vec{v} + \|\vec{v}\|^2$$

$$\|\vec{u} - \vec{v}\|^2 = \|\vec{u}\| - 2\vec{u} \cdot \vec{v} + \|\vec{v}\|^2$$

$$(\vec{u} + \vec{v}) \cdot (\vec{u} - \vec{v}) = \|\vec{u}\|^2 - \|\vec{v}\|^2$$

**Corollaire 3.1** *Formules de polarisation Soient deux vecteurs $\vec{u}$ et $\vec{v}$.*

$$\vec{u} \cdot \vec{v} = \frac{1}{2}\left(\|\vec{u} + \vec{v}\|^2 - \|\vec{u}\|^2 - \|\vec{v}\|^2\right)$$

$$\vec{u} \cdot \vec{v} = \frac{1}{2}\left(\|\vec{u}\|^2 + \|\vec{v}\|^2 - \|\vec{u} - \vec{v}\|^2\right)$$

$$\vec{u} \cdot \vec{v} = \frac{1}{4}\left(\|\vec{u} + \vec{v}\|^2 - \|\vec{u} - \vec{v}\|^2\right)$$

**Définition 3.2** *Deux vecteurs $\vec{u}$ et $\vec{v}$ sont orthogonaux lorsque*

$$\vec{u} \cdot \vec{v} = 0$$

**Définition 3.3** *On considère $d_1$ et $d_2$ deux droites de l'espace. $d_1$ et $d_2$ sont orthogonales si un vecteur directeur de l'une est orthogonal à un vecteur directeur de l'autre.*

**Propriété 3.4** *On considère $d_1$ et $d_2$ deux droites de l'espace. Elles sont orthogonales si et seulement si tout vecteur directeur de $d_1$ est orthogonal à tout vecteur directeur de $d_2$.*

**Propriété 3.5** *On considère $d_1$ et $d_2$ deux droites de l'espace. Elles sont orthogonales si et seulement s'il existe une droite $d_3$ parallèle à $d_1$ et perpendiculaire à $d_2$. Si deux droites sont parallèles, alors toute droite orthogonale à l'une est orthogonale à l'autre. Si deux droites sont orthogonales, alors toute droite parallèle à l'une est orthogonale à l'autre.*

**Définition 3.4** *Soient $P$ un plan de base $(\vec{i}, \vec{j})$ et $d$ une droite de vecteur directeur $\vec{u}$. La droite $d$ et le plan $P$ sont orthogonaux si $\vec{u}$ est orthogonal à $\vec{i}$ et à $\vec{j}$.*

**Propriété 3.6** *Une droite est orthogonale à un plan si et seulement si elle est orthogonale à deux droites sécantes de ce plan.*
   — *Si une droite est orthogonale à un plan, alors elle est orthogonale à toute droite de ce plan.*
   — *Si deux droites sont parallèles, alors tout plan orthogonal à l'une est orthogonal à l'autre.*

**Propriété 3.7**
   — *Si deux plans sont parallèles, alors toute droite orthogonale à l'un est orthogonale à l'autre.*
   — *Si deux plans sont orthogonaux à une même droite, alors ils sont parallèles entre eux.*

**Définition 3.5** *Soit $P$ un plan de base $(\vec{i}, \vec{j})$. Un vecteur non nul $\vec{n}$ est normal au plan $P$ s'il est non nul et orthogonal à $\vec{i}$ et à $\vec{j}$.*

**Propriété 3.8** *Soient $A$ un point et $\vec{n}$ un vecteur non nul. Il existe un unique plan de vecteur normal $\vec{n}$ passant par $A$.*

**Définition 3.6** *Soient $P_1$ un plan de vecteur normal $\vec{n}_1$ et $P_2$ un plan de vecteur normal $\vec{n}_2$. $P_1$ est perpendiculaire à $P_2$ si $\vec{n}_1$ est orthogonal à $\vec{n}_2$.*

**Propriété 3.9**
   — *Un vecteur est normal à un plan si et seulement s'il est orthogonal à tout vecteur directeur de ce plan.*

- *Une droite est orthogonale à un plan si et seulement si un vecteur directeur de cette droite est colinéaire à un vecteur normal à ce plan.*
- *Une droite est parallèle à un plan si et seulement si un vecteur directeur de cette droite est orthogonal à un vecteur normal à ce plan.*
- *Soient $P_1$ un plan de vecteur normal $\vec{n}_1$ et $P_2$ un plan de vecteur normal $\vec{n}_2$. $P_1$ est parallèle à $P_2$ si et seulement si $\vec{n}_1$ est colinéaire à $\vec{n}_2$.*

**Propriété 3.10** *Soient A un point et d une droite de l'espace. Il existe un unique plan passant par A et orthogonal à d. La droite d est alors sécante avec ce plan et leur point d'intersection est appelé projeté orthogonal de A sur d.*

**Propriété 3.11** *Soient A un point et P un plan de l'espace. Il existe une unique droite passant par A et orthogonale à P. Le plan P est alors sécant avec cette droite et leur point d'intersection est appelé projeté orthogonal de A sur P.*

**Définition 3.7** *Base orthonormée Une base de l'espace est dite orthonormée si ses trois vecteurs soient orthogonaux deux à deux et tous de norme 1 $(\vec{i}, \vec{j}, \vec{k})$ est orthonormée si :*

$$\vec{i} \cdot \vec{j} = \vec{i} \cdot \vec{k} = \vec{j} \cdot \vec{k} = 0$$

*et*

$$\|\vec{i}\| = \|\vec{j}\| = \|\vec{k}\| = 1$$

**Définition 3.8** *Un repère orthonormé $(O; \vec{i}, \vec{j}, \vec{k})$ est un repère tel que la base $(\vec{i}, \vec{j}, \vec{k})$ soit orthonormée.*

**Propriété 3.12** *Dans une base orthonormée $(\vec{i}, \vec{j}, \vec{k})$ de l'espace, on considère deux vecteurs*

$$\vec{u} \begin{pmatrix} x \\ y \\ z \end{pmatrix}, \ \vec{v} \begin{pmatrix} x' \\ y' \\ z' \end{pmatrix}$$

*On a alors*

$$\vec{u} \cdot \vec{v} = xx' + yy' + zz'$$

*et*

$$\|\vec{u}\| = \sqrt{x^2 + y^2 + z^2}$$

**Corollaire 3.2** *Dans un repère orthonormé $(O; \vec{i}, \vec{j}, \vec{k})$ de l'espace, on considère deux points $A(x_A; y_A; z_A)$ et $B(x_B; y_B; z_B)$. On a alors*

$$AB = \sqrt{(x_B - x_A)^2 + (y_B - y_A)^2 + (z_B - z_A)^2}$$

**Propriété 3.13** *On considère A un point de l'espace et P un plan passant par un point B et de vecteur normal $\vec{n}$. Le projeté orthogonal H de A sur le plan P est le point du plan P le plus proche de A. La distance AH est appelée distance du point A au plan P, et on a :*
$$AH = \frac{|\overrightarrow{AB} \cdot \vec{n}|}{\|\vec{n}\|}$$

**Propriété 3.14** *On considère A un point de l'espace et d une droite de l'espace passant par un point B et de vecteur directeur $\vec{u}$. Le projeté orthogonal H de A sur la droite d est le point de la droite d le plus proche de A. La distance AH est appelée distance du point A à la droite d, et on a :*
$$AH = \left\| \overrightarrow{AB} - \frac{\overrightarrow{AB} \cdot \vec{u}}{\|\vec{u}\|^2} \vec{u} \right\|$$

# 4 Représentations paramétriques

**Propriété 4.1** *On considère $A(x_A; y_A; z_A)$ un point de l'espace et*

$$\vec{u}\begin{pmatrix} a \\ b \\ c \end{pmatrix}$$

*un vecteur non nul de l'espace. Soit $M(x; y; z)$ un point de l'espace. Le point $M$ appartient à la droite $d$ passant par $A$ de vecteur directeur $\vec{u}$, si et seulement s'il existe un réel $t$ tel que :*

$$\begin{cases} x = x_A + at \\ y = y_A + bt \\ z = z_A + ct \end{cases}$$

*Ce système est une représentation paramétrique de $d$.*

**Propriété 4.2** *On considère $P$ un plan de l'espace, $A$ un point de $P$ et $\vec{n}$ un vecteur normal à $P$. Un point $M$ de l'espace appartient au plan $P$ si et seulement si :*

$$\overrightarrow{AM} \cdot \vec{n} = 0$$

**Propriété 4.3** *On considère $P$ le plan passant par le point $A(x_A; y_A; z_A)$ et de vecteur normal*

$$\vec{n}\begin{pmatrix} a \\ b \\ c \end{pmatrix}$$

*Le plan $P$ est l'ensemble des points de l'espace dont les cordonnées $(x; y; z)$ vérifient l'équation :*

$$ax + by + cz + d = 0$$

*où*

$$d = -ax_A - by_A - cz_A$$

*Cette équation est une équation cartésienne du plan $P$.*

**Propriété 4.4** *On considère $d$ un réel. L'ensemble des points $M(x; y; z)$ dont les coordonnées vérifient l'équation*

$$ax + by + cz + d = 0$$

*est un plan P de vecteur normal*
$$\vec{n}\begin{pmatrix}a\\b\\c\end{pmatrix}$$

# Chapitre 2

# Analyse

# 5 Suites

**Axiome 5.1** ***Principe de récurrence***. *Soit $H(n)$ désigne une propriété au rang $n$. Soit $n_0$ un entier naturel, si on démontre les deux étapes suivantes :*
- *étape 1 (initialisation) : $H(n_0)$ est vraie*
- *étape 2 (hérédité) : pour tout entier $k \geqslant n_0$, "$H(k)$ est vraie" implique "$H(k+1)$ est vraie";*

*alors on peut conclure que $H(n)$ est vraie pour tout entier $n \geqslant n_0$.*

**Définition 5.1** *Une suite $(u_n)$ définie sur $\mathbb{N}$ est :*
- *croissante si et seulement si, pour tout entier naturel $n$*

$$u_{n+1} \geqslant u_n$$

- *décroissante si et seulement si, pour tout entier naturel $n$*

$$u_{n+1} \leqslant u_n$$

*Une suite $(u_n)$ est dite monotone lorsqu'elle est croissante ou décroissante.*

**Définition 5.2** *Une suite $(u_n)$ définie sur $\mathbb{N}$ est :*
- *majorée s'il existe un réel $M$ tel que, pour tout entier naturel $n$*

$$u_n \leqslant M$$

  *$M$ est appelé un majorant de $(u_n)$*
- *minorée s'il existe un réel $m$ tel que, pour tout entier naturel $n$,*

$$u_n \geqslant m$$

  *$m$ est appelé un minorant de $(u_n)$*
- *bornée si elle est à la fois majorée et minorée.*

## Limites de suites

**Définition 5.3** *Soit $\ell$ un réel. Une suite $(u_n)$ a pour limite $\ell$ quand $n$ tend vers $+\infty$ lorsque tout intervalle ouvert contenant $\ell$ contient tous les termes $u_n$ à partir d'un certain rang. On dit alors que $(u_n)$ est convergente et converge vers $\ell$.*

**Propriété 5.1** *La limite d'une suite $(u_n)$ convergente est unique. On note*

$$\lim_{n \to +\infty} u_n = \ell$$

**Propriété 5.2** *limites des suites usuelles*

$$\lim_{n \to +\infty} \frac{1}{\sqrt{n}} = 0$$

$$\lim_{n \to +\infty} \frac{1}{n^k} = 0$$

$$\lim_{n \to +\infty} \sqrt{n} = +\infty$$

$$\lim_{n \to +\infty} n^k = +\infty$$

où $k$ est un entier naturel non nul.

**Définition 5.4** *Une suite qui n'est pas convergente est dite divergente.*

**Définition 5.5** *Une suite $(u_n)$ tend vers $+\infty$ (respectivement vers $-\infty$ ) lorsque tout intervalle de la forme $[A; +\infty[$ (respectivement de la forme $]-\infty; A]$ contient tous les termes $u_n$ à partir d'un certain rang. On note*

$$\lim_{n \to +\infty} u_n = +\infty$$

(respectivement $\lim_{n \to +\infty} u_n = -\infty$) On dit alors que $(u_n)$ diverge vers $+\infty$ (respectivement vers $-\infty$).

## Addition ou soustraction

FI=Forme Indéterminée

| $\lim_{n \to +\infty} u_n$ | $\ell$ | $\ell$ | $\ell$ | $+\infty$ | $-\infty$ | $+\infty$ |
|---|---|---|---|---|---|---|
| $\lim_{n \to +\infty} v_n$ | $\ell'$ | $+\infty$ | $-\infty$ | $+\infty$ | $-\infty$ | $-\infty$ |
| $\lim_{n \to +\infty}(u_n + v_n)$ | $\ell + \ell'$ | $+\infty$ | $-\infty$ | $+\infty$ | $-\infty$ | FI |

## Produit

| $\lim_{n \to +\infty} u_n$ | $\ell$ | $\ell > 0$ | $\ell < 0$ | $\ell > 0$ | $\ell < 0$ | $+\infty$ | $-\infty$ | $+\infty$ | $0$ |
|---|---|---|---|---|---|---|---|---|---|
| $\lim_{n \to +\infty} u_n$ | $\ell'$ | $+\infty$ | $+\infty$ | $-\infty$ | $-\infty$ | $+\infty$ | $-\infty$ | $-\infty$ | $\pm\infty$ |
| $\lim_{n \to +\infty}(u_n \times v_n)$ | $\ell\ell'$ | $+\infty$ | $-\infty$ | $-\infty$ | $+\infty$ | $+\infty$ | $+\infty$ | $-\infty$ | FI |

**Quotient**

| $\lim_{n\to+\infty} u_n$ | $\ell$ | $\ell$ | $\ell$ | $+\infty$ | $0$ | $\pm\infty$ | $0$ | $\pm\infty$ |
|---|---|---|---|---|---|---|---|---|
| $\lim_{n\to+\infty} u_n$ | $\ell'\neq 0'$ | $\pm\infty$ | $0$ | $\ell'$ | $\pm\infty$ | $0$ | $0$ | $\pm\infty$ |
| $\lim_{n\to+\infty} \frac{u_n}{v_n}$ | $\frac{\ell}{\ell'}$ | $0$ | $\pm\infty$ | $\pm\infty$ | $0$ | $\pm\infty$ | FI | FI |

**Théorème 5.1** *Soient $(u_n)$ et $(v_n)$ deux suites telles que, à partir d'un certain rang*

$$u_n \leqslant v_n$$

*alors*

$$si \lim_{n\to+\infty} u_n = +\infty, \; alors \lim_{n\to+\infty} v_n = +\infty$$

$$si \lim_{n\to+\infty} v_n = -\infty, \; alors \lim_{n\to+\infty} u_n = -\infty$$

**Théorème 5.2** *__Théorème des gendarmes__ Soient $n_0$ un entier naturel et $\ell$ un réel. Soient $(u_n), (v_n)$ et $(w_n)$ trois suites telles que, pour tout $n \geqslant n_0$,*

$$u_n \leqslant v_n \leqslant w_n$$

*Si $(u_n)$ et $(w_n)$ convergent vers la même limite $\ell$, alors $(v_n)$ converge aussi vers $\ell$.*

**Propriété 5.3** *Soit $n_0$ un entier naturel, soient $\ell$ et $\ell'$ deux réels. Soient $(u_n)$ et $(v_n)$ deux suites telles que, pour tout $n \geqslant n_0$,*

$$u_n \leqslant v_n$$

*Si $(u_n)$ converge vers $\ell$ et si $(v_n)$ converge vers $\ell'$, alors $\ell \leqslant \ell'$.*

**Propriété 5.4** *Soient $\ell$ un réel et $(u_n)$ une suite définie pour tout entier naturel $n$.*
  — *Si $(u_n)$ est croissante et converge vers $\ell$, alors, pour tout $n \in \mathbb{N}$,*

$$u_n \leqslant \ell$$

  — *Si $(u_n)$ est décroissante et converge vers $\ell$, alors, pour tout $n \in \mathbb{N}$,*

$$u_n \geqslant \ell$$

## Suite géométrique, monotone

**Propriété 5.5** *Soit $q$ un réel.*
- *Si $q \leqslant -1$ alors la suite $(q^n)$ diverge et n'admet pas de limite.*
- *Si $-1 < q < 1$ alors la suite $(q^n)$ converge vers $0$.*
- *Si $q = 1$ alors la suite $(q^n)$ converge vers $1$.*
- *Si $q > 1$ alors la suite $(q^n)$ diverge vers $+\infty$.*

**Théorème 5.3**
- *Si $(u_n)$ est croissante et majorée, alors $(u_n)$ converge.*
- *Si $(u_n)$ est décroissante et minorée, alors $(u_n)$ converge.*

**Corollaire 5.1**
- *Si $(u_n)$ est croissante et majorée par $M$, alors $(u_n)$ converge vers une limite $\ell$ telle que*
$$\ell \leqslant M$$
- *Si $(u_n)$ est décroissante et minorée par $m$, alors $(u_n)$ converge vers une limite $\ell$ telle que*
$$\ell \geqslant m$$

**Théorème 5.4**
- *Si $(u_n)$ est croissante et non majorée, alors $(u_n)$ diverge vers $+\infty$.*
- *Si $(u_n)$ est décroissante et non minorée, alors $(u_n)$ diverge vers $-\infty$.*

# 6 Limites de fonctions

**Définition 6.1**
— Une fonction $f$ a pour limite $+\infty$ en $+\infty$ si tout intervalle ouvert de la forme $]a;+\infty[$ contient toutes les valeurs de $f(x)$ pour $x$ suffisamment grand. On note
$$\lim_{x \to +\infty} f(x) = +\infty$$

— Une fonction $f$ a pour limite $-\infty$ en $+\infty$ si tout intervalle ouvert de la forme $]-\infty;a[$ contient toutes les valeurs de $f(x)$ pour $x$ suffisamment grand. On note
$$\lim_{x \to +\infty} f(x) = -\infty$$

On définit de la même manière les limites infinies en $-\infty$.

**Propriété 6.1** *Soit $n$ un entier supérieur ou égal à 1. On a :*
$$\lim_{x \to +\infty} \sqrt{x} = +\infty$$
$$\lim_{x \to +\infty} x^n = +\infty$$
$$\lim_{x \to -\infty} x^n = \begin{cases} -\infty & \text{si } n \text{ est impair} \\ +\infty & \text{si } n \text{ est pair} \end{cases}$$
$$\lim_{x \to +\infty} e^x = +\infty$$

**Définition 6.2** *On considère $\ell$ un réel. Une fonction $f$ a pour limite $\ell$ en $+\infty$ lorsque tout intervalle ouvert contenant $\ell$ contient toutes les valeurs de $f(x)$ pour $x$ suffisamment grand. On note*
$$\lim_{x \to +\infty} f(x) = \ell$$

On définit de la même manière la limite finie de $f$ en $-\infty$.

**Définition 6.3** *Si une fonction $f$ a pour limite un réel $\ell$ en $+\infty$, on dit que sa courbe représentative admet la droite d'équation $y = \ell$ pour asymptote horizontale en $+\infty$. On définit de la même manière une asymptote horizontale en $-\infty$.*

**Propriété 6.2** *Soit n un entier supérieur ou égal à 1. On a :*

$$\lim_{x \to +\infty} \frac{1}{x^n} = 0$$

$$\lim_{x \to +\infty} \frac{1}{\sqrt{x}} = 0$$

$$\lim_{x \to -\infty} \frac{1}{x^n} = 0$$

$$\lim_{x \to -\infty} e^x = 0$$

**Définition 6.4** *On considère a un réel. Une fonction f a pour limite $+\infty$ en a si tout intervalle de la forme $]b; +\infty[$ contient toutes les valeurs de $f(x)$ pour x suffisamment proche de a. On note*

$$\lim_{x \to a} f(x) = +\infty$$

*Une fonction f a pour limite $-\infty$ en a si tout intervalle de la forme $]-\infty; b[$ contient toutes les valeurs de $f(x)$ pour x suffisamment proche de a. On note*

$$\lim_{x \to a} f(x) = -\infty$$

*On considère $\ell$ un réel. Une fonction f a pour limite $\ell$ en a si tout intervalle ouvert contenant $\ell$ contient toutes les valeurs de $f(x)$ pour x suffisamment proche de a. On note*

$$\lim_{x \to a} f(x) = \ell$$

**Définition 6.5** *On considère a un réel. Lorsqu'une fonction f a pour limite $+\infty$ ou $-\infty$ en a (à gauche ou à droite), on dit que sa courbe représentative admet la droite d'équation $x = a$ comme asymptote verticale.*

**Addition ou soustraction**

FI=Forme Indéterminée

| $\lim_{n \to +\infty} f$ | $\ell$ | $\ell$ | $\ell$ | $+\infty$ | $-\infty$ | $+\infty$ |
|---|---|---|---|---|---|---|
| $\lim_{n \to +\infty} g$ | $\ell'$ | $+\infty$ | $-\infty$ | $+\infty$ | $-\infty$ | $-\infty$ |
| $\lim_{n \to +\infty} (f+g)$ | $\ell + \ell'$ | $+\infty$ | $-\infty$ | $+\infty$ | $-\infty$ | FI |

**Produit**

| $\lim_{n\to+\infty} f$ | $\ell$ | $\ell > 0$ | $\ell < 0$ | $\ell > 0$ | $\ell < 0$ | $+\infty$ | $-\infty$ | $+\infty$ | $0$ |
| --- | --- | --- | --- | --- | --- | --- | --- | --- | --- |
| $\lim_{n\to+\infty} g$ | $\ell'$ | $+\infty$ | $+\infty$ | $-\infty$ | $-\infty$ | $+\infty$ | $-\infty$ | $-\infty$ | $\pm\infty$ |
| $\lim_{n\to+\infty}(f\times g)$ | $\ell\ell'$ | $+\infty$ | $-\infty$ | $-\infty$ | $+\infty$ | $+\infty$ | $+\infty$ | $-\infty$ | FI |

**Quotient**

| $\lim_{n\to+\infty} f$ | $\ell$ | $\ell$ | $\ell$ | $+\infty$ | $0$ | $\pm\infty$ | $0$ | $\pm\infty$ |
| --- | --- | --- | --- | --- | --- | --- | --- | --- |
| $\lim_{n\to+\infty} g$ | $\ell \neq 0'$ | $\pm\infty$ | $0$ | $\ell'$ | $\pm\infty$ | $0$ | $0$ | $\pm\infty$ |
| $\lim_{n\to+\infty} \frac{f}{g}$ | $\frac{\ell}{\ell'}$ | $0$ | $\pm\infty$ | $\pm\infty$ | $0$ | $\pm\infty$ | FI | FI |

**Propriété 6.3** *Composition* Si

$$\begin{cases} \lim_{x\to a} f(x) = b \\ \lim_{X\to b} g(X) = c \end{cases}$$

alors

$$\lim_{x\to a} g(f(x)) = c$$

**Propriété 6.4** *On considère $f$ une fonction et $(u_n)$ la suite définie pour tout entier naturel $n$ par $u_n = f(n)$ si*

$$\lim_{x\to+\infty} f(x) = a$$

alors

$$\lim_{n\to+\infty} u_n = a$$

On considère $f$ une fonction définie sur un intervalle $I$ et $(u_n)$ une suite définie sur $\mathbb{N}$ dont tous les termes appartiennent à $I$. Si

$$\lim_{n\to+\infty} u_n = a$$

et

$$\lim_{x\to a} f(x) = b$$

alors

$$\lim_{n\to+\infty} f(u_n) = b$$

**Théorème 6.1** *On considère deux fonctions $f$ et $g$ telles que $f(x) \leqslant g(x)$ sur un intervalle $[b; +\infty[$. si*

$$\lim_{x \to +\infty} f(x) = +\infty$$

*alors*

$$\lim_{x \to +\infty} g(x) = +\infty$$

*Si*

$$\lim_{x \to +\infty} g(x) = -\infty$$

*alors*

$$\lim_{x \to +\infty} f(x) = -\infty$$

Le théorème est aussi vrai lorsque $x$ tend vers $-\infty$ ou vers un réel $a$.

**Théorème 6.2** *Théorème des gendarmes* On considère $\ell$ un réel et trois fonctions $f, g$ et $h$ telles que $f(x) \leqslant g(x) \leqslant h(x)$ sur un intervalle $[b; +\infty[$. Si

$$\lim_{x \to +\infty} f(x) = \ell$$

et

$$\lim_{x \to +\infty} h(x) = \ell$$

alors

$$\lim_{x \to +\infty} g(x) = \ell$$

Le théorème est aussi vrai lorsque $x$ tend vers $-\infty$ ou vers un réel $a$.

**Théorème 6.3** *Théorème des croissances comparées*
Pour tout entier naturel $n$, on a :

$$\lim_{x \to +\infty} \frac{e^x}{x^n} = +\infty$$

$$\lim_{x \to -\infty} x^n e^x = 0$$

# 7 Dérivation

**Définition 7.1** *On considère $f$ et $g$ deux fonctions dont les ensembles de définition sont notés $D_f$ et $D_g$. La fonction composée de $f$ par $g$, notée $g \circ f$, est la fonction définie par*

$$(g \circ f)(x) = g(f(x))$$

*L'ensemble de définition de $g \circ f$ est l'ensemble des réels $x$ appartenant à $D_f$ dont l'image par $f$ appartient à $D_g$.*

**Propriété 7.1** *On considère $f$ une fonction dérivable sur un intervalle $I_f$ et $g$ une fonction dérivable sur un intervalle $I_g$ telles que pour tout $x \in I_f, u(x) \in I_g$. La fonction $g \circ f$ est dérivable sur $I_f$ et on a*

$$(g \circ f)' = (g' \circ f) \times f'$$

**Propriété 7.2**
— *La fonction $f$, définie sur $I$ par $f(x) = \mathrm{e}^{u(x)}$, est dérivable sur $I$ et*

$$f'(x) = u'(x)\mathrm{e}^{u(x)}$$

— *Si, pour tout $x$ de $I, u(x) > 0$, alors la fonction $f$ définie sur $I$ par $f(x) = \sqrt{u(x)}$ est dérivable sur $I$ et*

$$f'(x) = \frac{u'(x)}{2\sqrt{u(x)}}$$

— *Soit $n$ un entier relatif non nul et $f$ la fonction définie sur $I$ par $f(x) = (u(x))^n$*
— *Si $n \geqslant 1$, alors $f$ est dérivable sur $I$ et*

$$f'(x) = nu'(x)(u(x))^{n-1}$$

— *Si $n \leqslant -1$ et si $u$ ne s'annule pas sur $I$, alors $f$ est dérivable sur $I$ et*

$$f'(x) = nu'(x)(u(x))^{n-1}$$

**Définition 7.2** *On considère $f$ une fonction dérivable sur un intervalle $I$ et $f'$ sa fonction dérivée. La fonction $f$ est deux fois dérivable sur $I$ si $f'$ est elle-même dérivable sur $I$. On note $f''$ la dérivée de $f'$. Elle est appelée dérivée seconde de $f$*

**Définition 7.3** *On considère $f$ une fonction définie sur un intervalle $I$ et $C_f$ sa courbe représentative dans un repère.*

— $f$ est convexe sur $I$ si, pour tous réels $a$ et $b$ de $I$, la partie de la courbe $C_f$ située entre les points $A(a; f(a))$ et $B(b; f(b))$ est en dessous de la sécante $(AB)$
— $f$ est concave sur $I$ si, pour tous réels $a$ et $b$ de $I$, la partie de la courbe $C_f$ située entre les points $A(a; f(a))$ et $B(b; f(b))$ est au-dessus de la sécante $(AB)$

**Définition 7.4** *Point d'inflexion* On considère $f$ une fonction définie sur un intervalle $I$, $C_f$ sa courbe représentative et $A$ un point de $C_f$. $A$ est un point d'inflexion de $C_f$ si $C_f$ admet une tangente en $A$ et si $C_f$ traverse cette tangente en $A$.

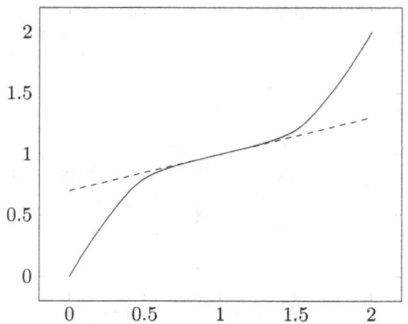

**Propriété 7.3** On considère $f$ une fonction définie et deux fois dérivable sur un intervalle $I$. On note $f'$ sa dérivée et $f''$ sa dérivée seconde. Les propositions suivantes sont équivalentes :
— $f$ est convexe sur l'intervalle $I$.
— $f''$ est positive sur l'intervalle $I$.
— $f'$ est croissante sur $I$.

**Propriété 7.4** On considère $f$ une fonction définie et deux fois dérivable sur un intervalle $I$. On note $f'$ sa dérivée et $f''$ sa dérivée seconde. Les propositions suivantes sont équivalentes :
— $f$ est concave sur l'intervalle $I$.
— $f''$ est négative sur l'intervalle $I$.
— $f'$ est décroissante sur $I$.

**Propriété 7.5** On considère $f$ une fonction et $C_f$ sa courbe représentative dans un repère. Soit $I$ un intervalle sur lequel $f$ est dérivable. Sur l'intervalle $I$, $f$ est convexe si et seulement si $C_f$ est au-dessus de toutes ses tangentes. Sur l'intervalle $I$, $f$ est concave si et seulement si $C_f$ est en dessous de toutes ses tangentes.

**Propriété 7.6** On considère $f$ une fonction définie et deux fois dérivable sur un intervalle $I$, $C_f$ sa courbe représentative et $x_0$ un réel appartenant à $I$
— Si $f'$ change de sens de variation en $x_0$, alors $C_f$ admet un point d'inflexion au point d'abscisse $x_0$.
— Si $f''$ s'annule et change de signe en $x_0$, alors $C_f$ admet un point d'inflexion au point d'abscisse $x_0$.

# 8 Continuité des fonctions

**Définition 8.1** *On considère $f$ une fonction définie sur un intervalle $I$. Soit $x_0 \in I$. On dit que $f$ est continue en $x_0$ si*
$$\lim_{x \to x_0} f(x) = f(x_0)$$

*On dit que la fonction $f$ est continue sur $I$ si elle est continue en tout point de $I$.*

**Propriété 8.1** *continuité des fonctions usuelles* Sont continues sur leur domaine de définition
— Les fonctions affines
— Les fonctions polynômes
— La fonction racine carrée
— La fonction exponentielle
— Les sommes, produits, quotients et composées de fonctions continues

**Propriété 8.2** *continuité et dérivabilité*
*Une fonction dérivable sur un intervalle $I$ est continue sur $I$.*

**Propriété 8.3** *continuité et suites convergentes* *On considère $f$ une fonction continue sur un intervalle $I$, $x_0 \in I$ et $(u_n)$ une suite à valeurs dans $I$. Si $(u_n)$ converge vers $x_0$, alors la suite $(f(u_n))$ converge vers $f(x_0)$.*

**Théorème 8.1** *Théorème des valeurs intermédiaires* *On considère $f$ une fonction continue sur un intervalle $[a,b]$. Pour tout réel $k$ compris entre $f(a)$ et $f(b)$, l'équation*
$$f(x) = k$$

*admet au moins une solution dans l'intervalle $[a,b]$.*

**Théorème 8.2** *Théorème des valeurs intermédiaires monotone* *On considère $f$ une fonction continue et strictement monotone sur un intervalle $[a,b]$ Pour tout réel $k$ compris entre $f(a)$ et $f(b)$, l'équation*
$$f(x) = k$$

*admet une unique solution dans l'intervalle $[a,b]$.*

**Théorème 8.3** *On considère un intervalle $]a, b[$ où $a$ est soit un réel, soit $-\infty$ et $b$ est soit un réel, soit $+\infty$. Soit $f$ une fonction continue sur l'intervalle $]a, b[$.*
— *Pour tout réel $k$ strictement compris entre $\lim_{x \to a} f(x)$ et $\lim_{x \to b} f(x)$, l'équation $f(x) = k$ admet au moins une solution dans $]a, b[$.*
— *Si, de plus, $f$ est strictement monotone sur $]a, b[$, alors cette solution est unique.*

# 9 Trigonométrie

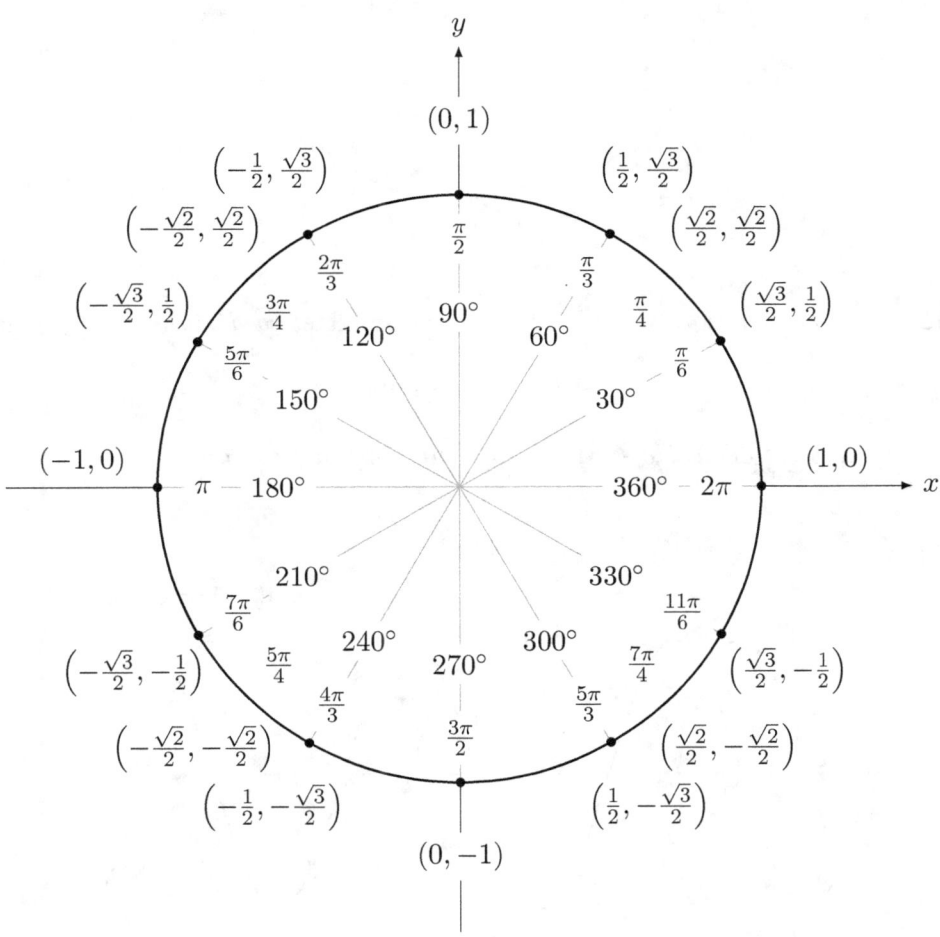

**Définition 9.1** *Soit $M$ le point-image d'un réel $x$ sur le cercle trigonométrique dans un repère orthonormé direct $(O; I, J)$. On a ainsi $M(\cos(x); \sin(x))$. La fonction cosinus, notée cos, est définie sur $\mathbb{R}$ par :*

$$\cos : x \mapsto \cos(x)$$

*La fonction sinus, notée sin, est définie sur $\mathbb{R}$ par :*

$$\sin : x \mapsto \sin(x)$$

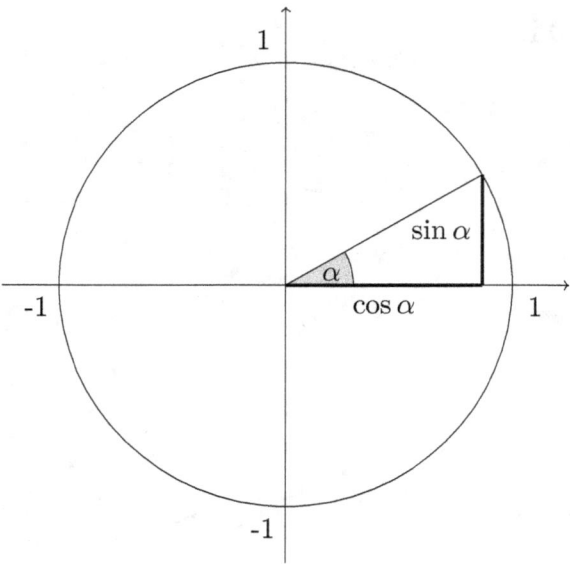

**Propriété 9.1** *La fonction cosinus est dérivable sur $\mathbb{R}$ et sa dérivée est la fonction*

$$-\sin : x \mapsto -\sin(x)$$

*La fonction sinus est dérivable sur $\mathbb{R}$ et sa dérivée est la fonction*

$$\cos : x \mapsto \cos(x)$$

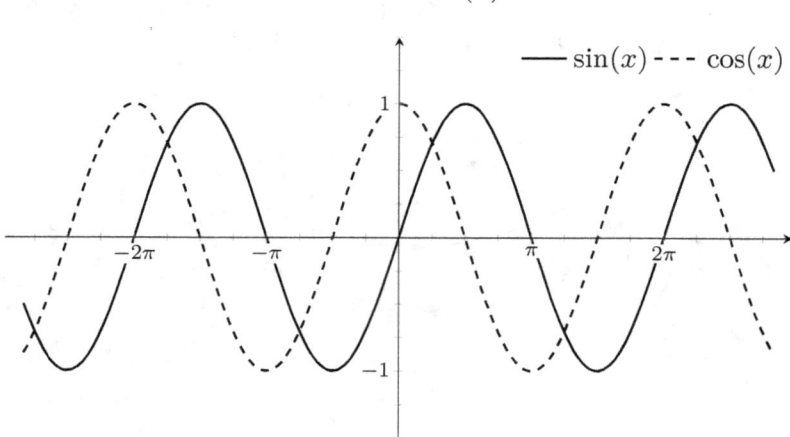

**Propriété 9.2** *On considère $a$ et $b$ deux nombres réels. La fonction $x \mapsto \cos(ax+b)$ est dérivable sur $\mathbb{R}$ et sa dérivée est la fonction :*

$$x \mapsto -a\sin(ax+b)$$

*La fonction $x \mapsto \sin(ax+b)$ est dérivable sur $\mathbb{R}$ et sa dérivée est la fonction :*

$$x \mapsto a\cos(ax+b)$$

**Propriété 9.3** *Soit $u$ une fonction dérivable sur un intervalle $I$ de $\mathbb{R}$. . La fonction $\cos(u)$ est dérivable sur $I$ et sa dérivée est la fonction $-u' \times (\sin(u))$. La fonction $\sin(u)$ est dérivable sur $I$ et sa dérivée est la fonction $u' \times (\cos(u))$*

**Propriété 9.4** *Les fonctions sinus et cosinus n'ont pas de limite en $-\infty$ et en $+\infty$.*

$$\lim_{x \to 0} \frac{\sin(x)}{x} = 1$$

$$\lim_{x \to 0} \frac{\cos(x) - 1}{x} = 0$$

**Propriété 9.5** *Pour tout réel $x$ :*
— *$\cos(-x) = \cos(x)$. La fonction cosinus est paire. Sa représentation graphique admet l'axe des ordonnées comme axe de symétrie.*
— *$\cos(x + 2\pi) = \cos(x)$. La fonction cosinus est périodique de période $2\pi$. La courbe se répète sur des intervalles de longueur $2\pi$.*
— *$\sin(-x) = -\sin(x)$. La fonction sinus est impaire. Sa représentation graphique admet l'origine $O$ du repère comme centre de symétrie.*
— *$\sin(x + 2\pi) = \sin(x)$. La fonction sinus est périodique de période $2\pi$. La courbe se répète sur des intervalles de longueur $2\pi$.*

# 10 Fonction logarithme népérien

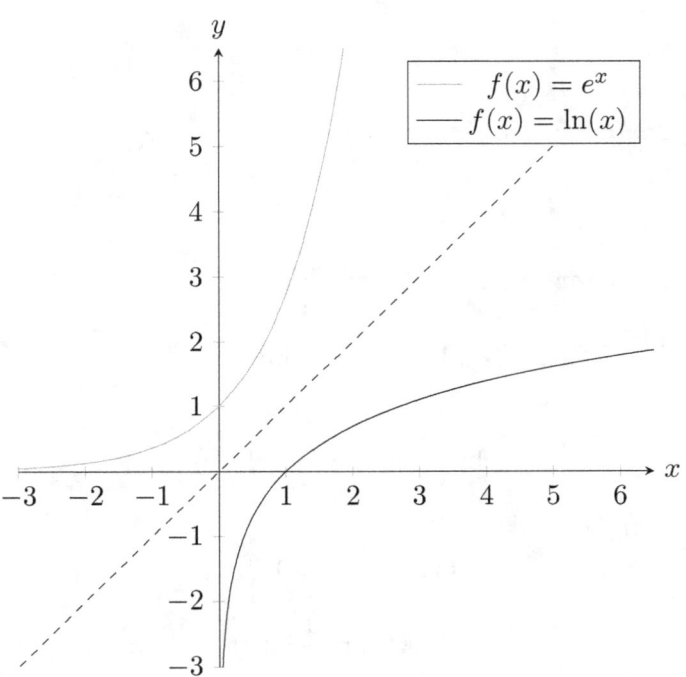

**Propriété 10.1** *Soit $a > 0$ un réel. L'équation*

$$e^x = a$$

*d'inconnue $x$, admet une solution unique dans $\mathbb{R}$. Cette solution se note*

$$x = \ln(a)$$

*et s'appelle le logarithme népérien de $a$. La fonction qui, à tout réel $a > 0$, associe le réel $\ln(a)$ s'appelle la fonction logarithme népérien. C'est la fonction réciproque de la fonction exponentielle. Elle est définie sur $]0;+\infty[$ et elle est notée $\ln$.*

**Propriété 10.2** *Dans un repère orthonormé, les courbes représentatives des fonctions exponentielle et logarithme népérien sont symétriques par rapport à la droite d'équation $y = x$.*

**Propriété 10.3**

— Pour tout réel $b > 0$ et pour tout réel $a$,
$$e^a = b \Leftrightarrow a = \ln(b)$$

— $\ln(1) = 0$ et $\ln(e) = 1$
— Pour tout réel $a > 0$,
$$e^{\ln(a)} = a$$

— Pour tout réel $a$,
$$\ln(e^a) = a$$

**Propriété 10.4** *Pour tous réels $x > 0$ et $y > 0$,*
$$\ln(xy) = \ln(x) + \ln(y)$$

**Propriété 10.5** *Pour tous réels $x > 0$ et $y > 0$ :*
$$\ln\left(\frac{1}{x}\right) = -\ln(x)$$
$$\ln\left(\frac{x}{y}\right) = \ln(x) - \ln(y)$$

*Pour tout entier relatif $n$,*
$$\ln(x^n) = n \times \ln(x)$$
$$\ln(\sqrt{x}) = \frac{1}{2}\ln(x)$$

**Propriété 10.6** *La fonction logarithme népérien est continue et dérivable sur $]0;+\infty[$ et, pour tout réel $x > 0$ :*
$$\ln'(x) = \frac{1}{x}$$

*Soit $u$ une fonction dérivable sur un intervalle $I$ telle que, pour tout $x$ appartenant à $I$, $u(x) > 0$. La fonction $\ln \circ u : x \mapsto \ln(u(x))$ est dérivable sur $I$ et*
$$(\ln \circ u)' = \frac{u'}{u}$$

**Propriété 10.7** *La fonction logarithme népérien est strictement croissante sur $]0;+\infty[$.*

**Propriété 10.8**
$$\lim_{x \to 0} \ln(x) = -\infty$$
$$\lim_{x \to +\infty} \ln(x) = +\infty$$

**Propriété 10.9**

$$\lim_{x \to +\infty} \frac{\ln(x)}{x} = 0$$

$$\lim_{x \to 0} x \ln(x) = 0$$

Pour tout entier naturel $n \geqslant 2$,

$$\lim_{x \to +\infty} \frac{\ln(x)}{x^n} = 0$$

et

$$\lim_{x \to 0} x^n \ln(x) = 0$$

# 11 Primitives et équations différentielles

**Définition 11.1** *On considère $f$ une fonction continue sur un intervalle $I$, on dit qu'une fonction $F$ est solution de l'équation différentielle $y' = f$ sur $I$ lorsque $F$ est dérivable sur $I$ et*
$$F' = f$$

*Résoudre sur $I$ l'équation différentielle $y' = f$, c'est trouver toutes les fonctions $F$ dérivables sur $I$ telles que $F' = f$.*

**Définition 11.2** ***Primitive*** *Une primitive d'une fonction $f$ sur un intervalle $I$ est une fonction $F$ dérivable sur $I$ telle que*
$$F' = f$$

**Propriété 11.1** *On considère $f$ une fonction continue sur un intervalle $I$ et $F$ une primitive de $f$ sur $I$. Les primitives de $f$ sur $I$, c'est-à-dire les solutions de l'équation différentielle*
$$y' = f$$
*sont les fonctions $G$ définies sur $I$ par*
$$G(x) = F(x) + a$$
*où $a \in \mathbb{R}$.*

**Propriété 11.2** ***Conditions initiales*** *Soit $f$ une fonction continue sur un intervalle $I$. Quels que soient $x_0 \in I$ et $y_0 \in \mathbb{R}$, l'équation différentielle*
$$y' = f$$
*admet une unique solution $F$ telle que*
$$F(x_0) = y_0$$

| Fonction $f$ | Fonction primitive $F$ | Intervalle |
|---|---|---|
| $a$ | $ax$ | $\mathbb{R}$ |
| $x^n, n \in \mathbb{Z}, n \neq 0, n \neq 1$ | $\dfrac{x^{n+1}}{n+1}$ | $\mathbb{R}$ |
| $\dfrac{1}{x}$ | $\ln x$ | $]0, +\infty[$ |
| $\dfrac{1}{\sqrt{x}}$ | $2\sqrt{x}$ | $]0, +\infty[$ |
| $e^x$ | $e^x$ | $\mathbb{R}$ |
| $\cos x$ | $\sin x$ | $\mathbb{R}$ |
| $\sin x$ | $-\cos x$ | $\mathbb{R}$ |

**Propriété 11.3** *Soient $f$ et $g$ deux fonctions admettant respectivement les fonctions $F$ et $G$ comme primitives sur un intervalle $I$.*
— *$F + G$ est une primitive de $f + g$ sur $I$*
— *Pour $a \in \mathbb{R}$, $aF$ est une primitive de $af$ sur $I$.*

| Fonction $f$ | Fonction primitive $F$ | Conditions |
|---|---|---|
| $u'u^n$ | $\dfrac{u^{n+1}}{n+1}$ | si $n < -1$, $u'(x) \neq 0$ |
| $\dfrac{u'}{u^2}$ | $-\dfrac{1}{u}$ | $u'(x) \neq 0$ |
| $\dfrac{u'}{u}$ | $\ln(|u|)$ | $u(x) > 0$ ou $u(x) < 0$ |
| $\dfrac{u'}{2\sqrt{u}}$ | $\sqrt{u}$ | $u(x) > 0$ |
| $u'e^u$ | $e^u$ | |
| $(v' \circ u)' \times u'$ | $v \circ u$ | $u(x) \in I$, $v$ dérivable sur $I$ |

**Définition 11.3** *Une équation différentielle est une égalité reliant une fonction dérivable et sa dérivée. Une solution d'une équation différentielle est une fonction qui vérifie cette égalité.*

**Propriété 11.4** *On considère $a$ un nombre réel non nul. Les solutions sur $\mathbb{R}$ de l'équation différentielle*
$$y' = ay$$

sont les fonctions
$$x \mapsto Ce^{ax}$$
où $C$ est une constante réelle.

**Propriété 11.5** *On considère $a$ et $b$ deux nombres réels non nuls. On considère l'équation différentielle*
$$(A) : y' = ay + b$$

— *$(A)$ admet une unique solution particulière constante, qui est la fonction*
$$x \mapsto -\frac{b}{a}$$

— *Les solutions sur $\mathbb{R}$ de $(A)$ sont les fonctions*
$$x \mapsto Ce^{ax} - \frac{b}{a}$$

*où $C$ est une constante réelle.*

— *Quels que soient les nombres réels $x_0$ et $y_0$, l'équation $(A)$ admet une unique solution $g$ vérifiant la condition initiale*
$$g(x_0) = y_0$$

**Propriété 11.6** *On considère $a$ un nombre réel et $f$ une fonction définie sur un intervalle $I$. Soient $(A)$ l'équation différentielle*
$$y' = ay + f$$
*et $g$ une solution particulière de $(A)$ sur $I$. Les solutions de $(E)$ sur $I$ sont les fonctions*
$$x \mapsto Ce^{ax} + g(x)$$

*où $C$ est une constante réelle.*

# 12 Calcul intégral

**Définition 12.1** *On considère un repère orthogonal $(O; OI, OJ)$ et $A$ le point de coordonnées $(1; 1)$. L'aire du rectangle $OIAJ$ est appelée unité d'aire du repère et est notée u.a.*

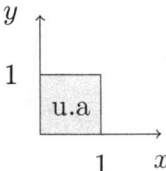

**Définition 12.2 Intégrale** *On considère $f$ une fonction continue et positive sur un intervalle $[a; b]$ et $C_f$ sa courbe représentative dans un repère orthogonal. L'aire du domaine délimité par la courbe $C_f$, l'axe des abscisses et les droites d'équations $x = a$ et $x = b$, exprimée en unité d'aire, est appelée intégrale de $a$ à $b$ de la fonction $f$. Elle est notée*

$$\int_a^b f(x)\mathrm{d}x$$

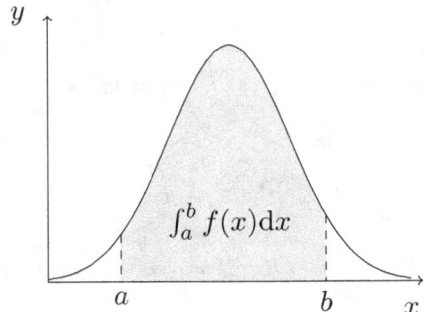

**Théorème 12.1** *Soit $f$ une fonction continue et positive sur un intervalle $[a; b]$. Soit $F$ la fonction définie sur $[a; b]$ par*

$$F(x) = \int_a^x f(t)\mathrm{d}t$$

*La fonction $F$ est la primitive de $f$ sur $[a; b]$ qui s'annule en $a$*

**Propriété 12.1** *Soit $f$ une fonction continue et positive sur un intervalle $[a;b]$. Soit $F$ une primitive de $f$ sur $[a;b]$ On a*

$$\int_a^b f(t)\mathrm{d}t = F(b) - F(a)$$

*On note aussi*

$$\int_a^b f(t)\mathrm{d}t = [F(t)]_a^b$$

**Définition 12.3** *Soient $f$ une fonction continue sur un intervalle $I$, $a$ et $b$ deux réels appartenant à $I$ et $F$ une primitive de $f$ sur $I$. On définit l'intégrale de $a$ à $b$ de $f$ par :*

$$\int_a^b f(x)\mathrm{d}x = F(b) - F(a)$$

*aussi noté*

$$[F(x)]_a^b$$

**Propriété 12.2** *Soient $f$ et $g$ deux fonctions continues sur un intervalle $I$, $a, b, c$ trois réels appartenant à $I$ et $\lambda$ un réel.*

$$\int_a^a f(x)\mathrm{d}x = 0$$

$$\int_b^a f(x)\mathrm{d}x = -\int_a^b f(x)\mathrm{d}x$$

*Relation de Chasles*

$$\int_a^c f(x)\mathrm{d}x = \int_a^b f(x)\mathrm{d}x + \int_b^c f(x)\mathrm{d}x$$

*Linéarité*

$$\int_a^b (f(x) + g(x))\mathrm{d}x = \int_a^b f(x)\mathrm{d}x + \int_a^b g(x)\mathrm{d}x$$

*et*

$$\int_a^b \lambda f(x)\mathrm{d}x = \lambda \int_a^b f(x)\mathrm{d}x$$

**Propriété 12.3** *Soient deux réels $a$ et $b$ tels que $a \leqslant b$ et $f$ et $g$ deux fonctions continues sur l'intervalle $[a;b]$*
— *Positivité : si $f \geqslant 0$ sur $[a;b]$, alors*

$$\int_a^b f(x)\mathrm{d}x \geqslant 0$$

— *Ordre : si $f \leqslant g$ sur $[a;b]$, alors*

$$\int_a^b f(x)\mathrm{d}x \leqslant \int_a^b g(x)\mathrm{d}x$$

**Propriété 12.4** *Intégrale et parité* Soient $f$ une fonction continue sur un intervalle $I$ symétrique par rapport à $0$ et $a$ un réel appartenant à $I$
— Si $f$ est paire, alors
$$\int_{-a}^{0} f(x)\mathrm{d}x = \int_{0}^{a} f(x)\mathrm{d}x$$
— Si $f$ est impaire, alors
$$\int_{-a}^{0} f(x)\mathrm{d}x = -\int_{0}^{a} f(x)\mathrm{d}x$$

**Propriété 12.5** *Intégration par parties* Soient $u$ et $v$ deux fonctions dérivables sur un intervalle $I$ telles que $u'$ et $v'$ soient continues sur $I$ et $a$ et $b$ deux réels appartenant à $I$. On a :
$$\int_{a}^{b} u'(t)v(t)\mathrm{d}t = [u(t)v(t)]_{a}^{b} - \int_{a}^{b} u(t)v'(t)\mathrm{d}t$$

**Propriété 12.6** Soit $f$ une fonction continue et négative sur un intervalle $[a;b]$ et $C_f$ sa courbe représentative dans un repère orthogonal. L'aire du domaine $D$ délimité par la courbe $C_f$, l'axe des abscisses et les droites d'équations $x = a$ et $x = b$, exprimée en unité d'aire, est égale à
$$\int_{a}^{b} (-f(x))\,\mathrm{d}x$$

**Propriété 12.7** Soient $f$ et $g$ deux fonctions continues sur un intervalle $[a;b]$ telles que $f \leqslant g$ sur $[a;b]$. Soient $C_f$ et $C_g$ leurs courbes représentatives dans un repère orthogonal. L'aire du domaine $D$ délimité par les courbes $C_f$, $C_g$ et les droites d'équations $x = a$ et $x = b$, exprimée en unité d'aire, est égale à :
$$\int_{a}^{b} (g(x) - f(x))\mathrm{d}x$$

**Définition 12.4** Soient deux réels $a$ et $b$ tels que $a < b$ et $f$ une fonction continue sur l'intervalle $[a;b]$. On appelle valeur moyenne de la fonction $f$ sur l'intervalle $[a;b]$ le nombre réel
$$m = \frac{1}{b-a} \int_{a}^{b} f(x)\mathrm{d}x$$

# Chapitre 3

# Probabilité et statistiques

# 13 Loi binomiale

**Définition 13.1** *Une expérience aléatoire $U$ qui se compose d'une succession de $n$ épreuves indépendantes*
$$A_1, A_2, A_3, \ldots, A_n$$
*a un univers des issues possibles qui est le produit cartésien*
$$\Omega_1 \times \Omega_2 \times \Omega_3 \times \ldots \times \Omega_n$$
*où $\Omega_i$ est l'univers de l'épreuve $A_i$ pour $i$ allant de $1$ a $n$. Une issue de $U$ est donc un $n$-uplet*
$$(x_1; x_2; x_3; \ldots; x_n)$$
*où $x_k$ est une issue de $A_k$*

**Propriété 13.1** *Soit $U$ une succession de $n$ épreuves indépendantes, la probabilité que l'issue de $U$ soit*
$$(x_1; x_2; x_3; \ldots; x_n)$$
*est égale au produit des probabilités de chacune des issues du $n$-uplet.*

**Définition 13.2** *Épreuve de Bernoulli* Soit $p$ un réel compris entre $0$ et $1$. On appelle épreuve de Bernoulli de paramètre $p$ une expérience aléatoire ayant deux issues : l'une nommée a succès notée $S$, de probabilité $p$, et l'autre "échec" notée $\overline{S}$.

**Propriété 13.2** *Soit $p$ un réel compris entre $0$ et $1$. La loi d'une épreuve de Bernoulli de paramètre $p$ est donnée par le tableau ci-dessous.*

| Issue | $S$ | $\overline{S}$ |
|---|---|---|
| Probabilité | $p$ | $1-p$ |

**Définition 13.3** *Schéma de Bernoulli* On considère une épreuve de Bernoulli de paramètre $p$, où $p$ est un réel compris entre $0$ et $1$. Soit $n$ un entier naturel non nul. On définit un schéma de Bernoulli de paramètres $n$ et $p$ lorsqu'on répète $n$ fois de façon indépendante cette épreuve de Bernoulli.

**Définition 13.4** *On considère un schéma de Bernoulli de paramètres $n$ et $p$ et $A$ la variable aléatoire comptant le nombre de succès obtenus dans ce schéma. On dit alors que $A$ suit la loi binomiale de paramètres $n$ et $p$, notée $B(n;p)$.*

**Propriété 13.3** *La loi de la variable aléatoire $A$ qui suit la loi binomiale de paramètres $n$ et $p$ est donnée, pour tout entier $k$ compris entre 0 et $n$ par*

$$P(A = k) = \binom{n}{k} p^k (1-p)^{n-k}$$

**Propriété 13.4** *Si $A$ suit la loi binomiale de paramètres $n$ et $p$, alors :*

$$E(A) = np$$
$$V(A) = np(1-p)$$
$$\sigma(A) = \sqrt{np(1-p)}$$

# 14 Loi des grands nombres

**Définition 14.1** *On considère $X$ une variable aléatoire et $a$ et $b$ deux nombres réels. On note*
$$x_1; x_2; \ldots; x_n$$
*les valeurs prises par $X$. La variable aléatoire $Y$ définie par $Y = aX + b$ est la variable aléatoire qui prend pour valeurs les réels*
$$y_i = ax_i + b$$
*pour tout $i$ allant de $1$ à $n$*

**Propriété 14.1** *Soit $X$ une variable aléatoire et $Y$ la variable aléatoire définie par*
$$Y = aX + b$$
*où $a$ et $b$ sont deux réels. L'espérance de $Y$ est*
$$E(Y) = E(aX + b) = aE(X) + b$$
*La variance de $Y$ est*
$$V(Y) = V(ax + b) = V(aX) = a^2 V(X)$$

**Définition 14.2** *Lorsque $X$ et $Y$ sont deux variables aléatoires, $X + Y$ est la variable aléatoire qui prend pour valeurs les sommes des valeurs possibles de $X$ et de $Y$.*

**Propriété 14.2** *Soient $X$ et $Y$ deux variables aléatoires. On a*
$$E(X + Y) = E(X) + E(Y)$$

**Propriété 14.3** ***Variables aléatoires indépendantes*** *Soient $X$ et $Y$ deux variables aléatoires. On suppose que $X$ et $Y$ sont associées à deux expériences aléatoires dont les conditions de réalisation sont indépendantes. On a*
$$V(X + Y) = V(X) + V(Y)$$

*On dit alors que les variables aléatoires sont indépendantes.*

**Propriété 14.4** *Inégalité de Markov* Soit $X$ une variable aléatoire à valeurs positives et soit $a$ un nombre réel strictement positif. On a

$$P(X \geqslant a) \leqslant \frac{E(X)}{a}$$

**Propriété 14.5** *Inégalité de Bienaymé-Tchevychev* Soit $X$ une variable aléatoire et soit $t$ un nombre réel strictement positif. On a

$$P(|X - E(X)| \geqslant t) \leqslant \frac{V(X)}{t^2}$$

**Propriété 14.6** On considère un schéma de Bernoulli comportant $n$ répétitions d'une épreuve de Bernoulli de paramètre $p$. Pour tout $i$ de 1 à $n$, on note $X_i$ la variable aléatoire associée à la $i$-ème épreuve de Bernoulli qui prend la valeur 1 en cas de succès et 0 sinon. On a alors

$$P(X_i = 1) = p$$

Chaque variable $X_i$ (pour $i$ allant de 1 à $n$) suit la loi de Bernoulli de paramètre $p$. La variable aléatoire

$$S_n = \sum_{i=1}^{n} X_i = X_1 + \ldots + X_n$$

est égale au nombre de succès lors des $n$ épreuves et suit la loi binomiale de paramètres $n$ et $p$.

**Propriété 14.7** On appelle fréquence empirique des variables aléatoires

$$X_1, X_2, \ldots, X_n$$

la variable aléatoire $M_n$ définie par

$$M_n = \frac{X_1 + \ldots + X_n}{n} = \frac{S_n}{n}$$

Soit $t$ un nombre réel strictement positif. L'inégalité de Bienaymé-Tchebychev appliquée à $S_n$ et $M_n$ donne :

$$P(|S_n - np| \geqslant t) \leqslant \frac{np(1-p)}{t^2}$$

et

$$P(|M_n - p| \geqslant t) \leqslant \frac{p(1-p)}{nt^2}$$

**Définition 14.3** On considère $n$ expériences aléatoires identiques et indépendantes. On note

$$X_1, X_{2'} \ldots, X_n$$

les variables aléatoires associées à ces expériences, toutes de même loi. On note

$$S_n = X_1 + \ldots + X_n$$

*et*
$$M_n = \frac{S_n}{n}$$

$M_n$ s'appelle la moyenne empirique des variables

$$X_1, X_2, \ldots, X_n$$

**Théorème 14.1** ***Théorème des grands nombres*** On considère une expérience aléatoire et $X$ la variable aléatoire associée à cette expérience, d'espérance $E(X)$ et de variance $V(X)$. On répète $n$ fois cette expérience de manière indépendante. On obtient un échantillon de taille $n$ composé de $n$ variables aléatoires

$$X_1, X_2, \ldots, X_n$$

Les variables $X_1, X_2, \ldots, X_n$ ont la même loi (elles ont donc la même espérance $E(X)$ et la même variance $V(X)$). Pour tout nombre réel $t > 0$,

$$P\left(|M_n - E(X)| \geqslant t\right) \leqslant \frac{V(X)}{nt^2}$$

Autrement dit, on a

$$\lim_{n \to +\infty} P\left(|M_n - E(X)| \geqslant t\right) = 0$$

On dit que $M_n$ converge en probabilité vers $E(X)$ lorsque $n$ tend vers $+\infty$.

# Chapitre 4

# Mathématiques expertes

# 15 Nombres complexes

**Définition 15.1** *Il existe un ensemble de nombres, noté $\mathbb{C}$, appelé ensemble des nombres complexes qui possède les propriétés suivantes :*
- *$\mathbb{C}$ contient $\mathbb{R}$*
- *Dans $\mathbb{C}$, on définit une addition et une multiplication qui suivent les mêmes règles de calcul que dans $\mathbb{R}$.*
- *Il existe dans $\mathbb{C}$ un nombre $i$ tel que $i^2 = -1$*
- *Tout élément $z$ de $\mathbb{C}$ s'écrit de manière unique sous la forme $z = a + ib$ avec $a$ et $b$ réels.*

**Propriété 15.1**
- *Deux nombres complexes sont égaux, si et seulement si, ils ont la même partie réelle et la même partie imaginaire.*
- *Un nombre complexe est nul, si et seulement si, sa partie réelle et sa partie imaginaire sont nulles.*

**Définition 15.2** *Soit un nombre complexe*
$$z = a + ib$$
*On appelle nombre complexe conjugué de $z$, le nombre, noté $\bar{z}$*
$$\bar{z} = a - ib$$

**Propriété 15.2** *Soit $z$ et $z'$ deux nombres complexes et $n$ entier naturel non nul.*
$$\bar{\bar{z}} = z$$
$$\overline{z + z'} = \bar{z} + \overline{z'}$$
$$\overline{z \times z'} = \bar{z} \times \overline{z'}$$
$$\overline{z^n} = \bar{z}^n$$
$$\overline{\left(\frac{1}{z}\right)} = \frac{1}{\bar{z}}$$
$$f\left(\frac{z}{z'}\right) = \frac{\bar{z}}{\overline{z'}}$$

*Pour les deux dernieres equations, respectivement $z \neq 0$ et $z' \neq 0$.*

**Propriété 15.3**
— $z$ est réel $\Leftrightarrow z = \bar{z}$
— $z$ est imaginaire pur $\Leftrightarrow z = -\bar{z}$

**Propriété 15.4** *Soit $z = a + ib$ un nombre complexe alors*
$$z\bar{z} = a^2 + b^2$$

**Théorème 15.1** **Formule du binôme** *Pour tous nombres complexes $a$ et $b$ et pour tout entier naturel $n \geq 1$, on a :*
$$(a+b)^n = \binom{n}{0}a^n + \binom{n}{1}a^{n-1}b + \binom{n}{2}a^{n-2}b^2 + \cdots + \binom{n}{n-1}ab^{n-1} + \binom{n}{n}b^n$$

**Définition 15.3** *Soient $a$ et $b$ deux nombres réels. À tout nombre complexe $z = a + ib$, on associe son image, le point $M$ de coordonnées $(a;b)$ et tout vecteur $\vec{w}$ de coordonnées $(a;b)$. À tout point $M(a;b)$ et à tout vecteur $\vec{u}(a;b)$, on associe le nombre complexe $z = a + ib$ appelé affixe du point $M$ et affixe du vecteur $\vec{w}$. On note $M(z)$ et $\vec{u}(z)$.*

**Propriété 15.5** *Soient $M(z_M)$ et $N(z_N)$ deux points du plan et $\vec{u}(z)$ et $\vec{v}(z')$ sont deux vecteurs du plan.*
— *Le vecteur $\overrightarrow{MN}$ a pour affixe $z_N - z_M$*
— *Le vecteur $\vec{u} + \vec{v}$ a pour affixe $z + z'$*
— *Le vecteur $k\vec{u}$, $k$ réel, a pour affixe $kz$*
— *Le milieu $I$ du segment $[MN]$ a pour affixe*
$$z_I = \frac{z_M + z_N}{2}$$

**Définition 15.4** *Soit un nombre complexe $z = a + ib$ On appelle module de $z$, le nombre réel positif, noté $|z|$*
$$|z| = \sqrt{a^2 + b^2}$$

**Propriété 15.6** *Soit $z$ et $z'$ deux nombres complexes.*
$$|z|^2 = z\bar{z}$$
$$|\bar{z}| = |z|$$
$$|-z| = |z|$$

**Définition 15.5** *Soit un point $M$ d'affixe $z$ non nulle. On appelle argument de $z$, noté $\arg(z)$ une mesure, en radians, de l'angle $(\vec{u}; \overrightarrow{OM})$.*

**Propriété 15.7** *Soit $z$ un nombre complexe non nul.*
— $z$ *est un nombre réel* $\Leftrightarrow \arg(z) = 0[\pi]$

— $z$ est un imaginaire pur $\Leftrightarrow \arg(z) = \frac{\pi}{2}[\pi]$
— $\arg(\bar{z}) = -\arg(z)$
— $\arg(-z) = \arg(z) + \pi$

**Propriété 15.8** *Soit $z = a + ib$ un nombre complexe non nul. On pose :*
$$\theta = \arg(z)$$
*On a alors :*
$$a = |z|\cos\theta$$
*et*
$$b = |z|\sin\theta$$

**Définition 15.6** *On appelle forme trigonométrique d'un nombre complexe $z$ non nul l'écriture*
$$z = |z|(\cos\theta + i\sin\theta)$$
*avec*
$$\theta = \arg(z)$$

**Propriété 15.9** *Soient $z$ et $z'$ deux nombres complexes non nuls et $n$ un entier naturel non nul.*

| | | |
|---|---|---|
| *Produit* | $|zz'| = |z|\,|z'|$ | $\arg(zz') = \arg(z) + \arg(z')$ |
| *Puissance* | $|z^n| = |z|^n$ | $\arg(z^n) = n\arg(z)$ |
| *Inverse* | $\left|\frac{1}{z}\right| = \frac{1}{|z|}$ | $\arg\left(\frac{1}{z}\right) = -\arg(z)$ |
| *Quotient* | $\left|\frac{z}{z'}\right| = \frac{|z|}{|z'|}$ | $\arg\left(\frac{z}{z'}\right) = \arg(z) - \arg(z')$ |

**Définition 15.7** *Cercle trigonométrique L'ensemble des points du plan complexe $(O, \vec{u}, \vec{v})$ dont l'affixe appartient au cercle de centre O et de rayon 1 est noté $\mathbb{U}$. Ce cercle s'appelle le cercle trigonométrique.*

**Propriété 15.10** *Soit $z = a + ib$ un nombre complexe appartenant à $\mathbb{U}$. On a alors*
$$a^2 + b^2 = 1$$

**Propriété 15.11** *Soit $a$ et $b$ deux nombres réels quelconques. On a :*
$$\cos(a - b) = \cos a \cos b + \sin a \sin b$$

$$\cos(a+b) = \cos a \cos b - \sin a \sin b$$

$$\sin(a-b) = \sin a \cos b - \cos a \sin b$$

$$\sin(a+b) = \sin a \cos b + \cos a \sin b$$

**Propriété 15.12** *Soit $a$ un nombre réel quelconque. On a :*

$$\cos(2a) = \cos^2 a - \sin^2 a = 2\cos^2 a - 1 = 1 - 2\sin^2 a$$

$$\sin(2a) = 2\cos a \sin a$$

**Définition 15.8** *Pour tout réel $\theta$, on a :*

$$e^{i\theta} = \cos\theta + i\sin\theta$$

**Propriété 15.13**

$$e^{i\pi} = -1$$

**Définition 15.9** *Tout nombre complexe $z$ non nul de module $r$ et d'argument $\theta$ s'écrit sous sa forme exponentielle*

$$z = re^{i\theta}$$

**Propriété 15.14** *Pour tous réels $\theta$ et $\theta'$,*

$$e^{i\theta}e^{i\theta'} = e^{i(\theta+\theta')}$$

$$\frac{1}{e^{i\theta}} = e^{-i\theta}$$

$$\frac{e^{i\theta}}{e^{i\theta'}} = e^{i(\theta-\theta')}$$

$$\overline{e^{i\theta}} = e^{-i\theta}$$

**Propriété 15.15** *Formule de Moivre Pour tous réels $\theta$ et $\theta'$, pour tout entier naturel $n$ non nul :*

$$\left(e^{i\theta}\right)^n = e^{in\theta}$$

*Que l'on peut également écrire :*

$$(\cos\theta + i\sin\theta)^n = \cos(n\theta) + i\sin(n\theta)$$

**Propriété 15.16** *Formules d'Euler Pour tous réels $\theta$ et $\theta'$ :*

$$\cos\theta = \frac{e^{i\theta} + e^{-i\theta}}{2}$$

$$\sin\theta = \frac{e^{i\theta} - e^{-i\theta}}{2i}$$

**Propriété 15.17** *Soient $A, B$ et $C$ trois points deux à deux distincts du plan d'affixes respectives $a, b$ et $c$. On a :*
$$(\vec{u}; \overrightarrow{AB}) = \arg(b - a)$$
$$AB = |b - a|$$
$$(\overrightarrow{AB}; \overrightarrow{AC}) = \arg\left(\frac{c - a}{b - a}\right)$$

**Définition 15.10** *Une racine n-ième de l'unité est un nombre complexe $z$ vérifiant*
$$z^n = 1$$
*avec $n \in \mathbb{N}^*$*

**Théorème 15.2** *L'ensemble $\mathbb{U}_n$ des racines de l'unité contient exactement n racines :*
$$w_k = e^{i\frac{2k\pi}{n}}$$
*avec $k$ entier compris entre 0 et $n - 1$.*

# 16  Équations polynomiales

**Définition 16.1** *Soient $a, b$ et $c$ des nombres réels avec $a \neq 0$ On appelle discriminant du trinôme*
$$ax^2 + bx + c,$$
*le nombre réel, noté $\Delta$*
$$\Delta = b^2 - 4ac$$

— *Si $\Delta > 0$ : L'équation $ax^2 + bx + c = 0$ a deux solutions réelles distinctes :*
$$x_1 = \frac{-b + \sqrt{\Delta}}{2a} \text{ et } x_2 = \frac{-b - \sqrt{\Delta}}{2a}$$

— *Si $\Delta = 0$ : L'équation $ax^2 + bx + c = 0$ a une unique solution réelle*
$$x_0 = -\frac{b}{2a}$$

— *Si $\Delta < 0$ : L'équation $ax^2 + bx + c = 0$ a deux solutions complexes conjuguées :*
$$x_1 = \frac{-b + i\sqrt{-\Delta}}{2a} \text{ et } x_2 = \frac{-b - i\sqrt{-\Delta}}{2a}$$

**Propriété 16.1** *La somme $S$ et le produit $P$ des racines du trinôme*
$$ax^2 + bx + c$$
*sont donnés par*
$$S = -\frac{b}{a}$$
*et*
$$P = \frac{c}{a}$$

**Définition 16.2** *Une fonction polynôme (ou polynôme) $P$ est une fonction de $\mathbb{C}$ dans $\mathbb{C}$ de la forme*
$$P(x) = a_0 + a_1 x + a_2 x^2 + \cdots + a_n x^n$$
*où*
$$a_0, a_1, a_2, \ldots, a_n$$
*sont les coefficients réels de $P$. L'entier $n$ est appelé le degré du polynôme $P$.*

**Propriété 16.2** *Si une fonction polynôme est nulle, alors tous ses coefficients sont nuls.*

**Définition 16.3** *Soit un polynôme P. Un nombre complexe a s'appelle racine de P si*

$$P(a) = 0$$

**Théorème 16.1** *Soit un polynôme P définie par*

$$P(x) = x^n - a^n$$

*où n est un entier supérieur ou égal à 2. Alors il existe un polynôme Q de degré $n-1$, tel que*

$$P(x) = (x-a)Q(x)$$

**Corollaire 16.1** *Soit un polynôme P de degré n. Si a est une racine complexe de P, alors il existe un polynôme Q de degré $n-1$, tel que*

$$P(x) = (x-a)Q(x)$$

**Corollaire 16.2** *Un polynôme de degré n admet au plus n racines.*

# 17 Divisibilité congruence

**Définition 17.1** *Soit $a$ et $b$ deux entiers relatifs. $a$ divise $b$ s'il existe un entier relatif $k$ tel que*
$$b = ka$$

*On dit également :*
— *$a$ est un diviseur de $b$*
— *$b$ est divisible par $a$*
— *$b$ est un multiple de $a$*

**Propriété 17.1** *__Transitivité__ : Soit $a, b$ et $c$ trois entiers relatifs. Si $a$ divise $b$ et $b$ divise $c$ alors $a$ divise $c$.*

**Propriété 17.2** *__Combinaisons linéaires__ : Soit $a, b$ et $c$ trois entiers relatifs. Si $c$ divise $a$ et $b$ alors $c$ divise $ma + nb$ où $m$ et $n$ sont deux entiers relatifs.*

**Propriété 17.3** *Soit $a$ un entier naturel et $b$ entier naturel non nul. Il existe un unique couple d'entiers $(q; r)$ tel que*
$$a = bq + r$$
*avec $0 \leq r < b$.*
— *$q$ est appelé le quotient de la division euclidienne de $a$ par $b$*
— *$r$ est appelé le reste.*

**Propriété 17.4** *On peut étendre la propriété précédente au cas où $a$ est un entier relatif.*

**Définition 17.2** *Soit $n$ un entier naturel non nul. Deux entiers $a$ et $b$ sont congrus modulo $n$ lorsque $(a - b)$ est divisible par $n$ On note*
$$a \equiv b[n]$$

**Propriété 17.5** *Soit $n$ un entier naturel non nul. Deux entiers $a$ et $b$ sont congrus modulo $n$, si et seulement si, la division euclidienne de $a$ par $n$ a le même reste que la division euclidienne de $b$ par $n$.*

**Propriété 17.6** *Soit $n$ un entier naturel non nul.*
— *$a \equiv a[n]$ pour tout entier relatif $a$*

— Si $a \equiv b[n]$ et $b \equiv c[n]$ alors $a \equiv c[n]$ *(Relation de transitivité)*

**Propriété 17.7** *Soit $n$ un entier naturel non nul. Soit $a, b, a'$ et $b'$ des nombres relatifs tels que*
$$a \equiv b[n]$$
*et*
$$a' \equiv b'[n]$$
*alors on a :*
$$a + a' \equiv b + b'[n]$$
$$a - a' \equiv b - b'[n]$$
$$a \times a' \equiv b \times b'[n]$$
$$a^p \equiv b^p[n]$$
*avec $p \in \mathbb{N}$*

# 18 PGCD et nombres premiers

**Définition 18.1** *Soient a et b deux entiers naturels non nuls. On appelle PGCD de a et b le plus grand commun diviseur de a et b et note*

$$PGCD(a;b)$$

**Propriété 18.1** *Soient a et b deux entiers naturels non nuls.*

$$PGCD(a;0) = a$$

$$PGCD(a;1) = 1$$

*Si b divise a alors*

$$PGCD(a;b) = b$$

**Propriété 18.2** *Soient a et b deux entiers naturels non nuls. Soit r est le reste de la division euclidienne de a par b. On a :*

$$PGCD(a;b) = PGCD(b;r)$$

**Propriété 18.3** *Soient a et b deux entiers naturels non nuls. L'ensemble des diviseurs communs à a et b est l'ensemble des diviseurs de leur PGCD.*

**Propriété 18.4** *Soient a, b et m des entiers naturels non nuls.*

$$PGCD(ma;mb) = m \times PGCD(a;b)$$

**Définition 18.2** *Soient a et b deux entiers naturels non nuls. On dit que a et b sont premiers entre eux lorsque leur PGCD est égal à 1.*

**Propriété 18.5** *Identité de Bézout : Soient a et b deux entiers naturels non nuls et d leur PGCD. Il existe deux entiers relatifs u et v tels que :*

$$au + bv = d$$

**Théorème 18.1** *Théorème de Bézout Soient a et b deux entiers naturels non nuls. a et b sont premiers entre eux si, et seulement si, il existe deux entiers relatifs u et v tels que*

$$au + bv = 1$$

**Propriété 18.6** *Un entier a admet un inverse modulo n, si a et n sont premiers entre eux.*

**Théorème 18.2** *__Théorème de Gauss__ Soient a, b et c trois entiers naturels non nuls. Si a divise bc et si a et b sont premiers entre eux alors a divise c.*

**Corollaire 18.1** *Soient a, b et c trois entiers naturels non nuls. Si a et b divise c et si a et b sont premiers entre eux alors ab divise c.*

**Définition 18.3** *Un nombre entier naturel est premier s'il possède exactement deux diviseurs positifs distincts : 1 et lui-même.*

**Propriété 18.7** *L'ensemble des nombres premiers est infini.*

**Propriété 18.8** *Tout entier naturel n strictement supérieur à 1 et non premier admet un diviseur premier p tel que*
$$p \leq \sqrt{n}$$

**Propriété 18.9** *Tout entier naturel n strictement supérieur à 1 se décompose en produit de facteurs premiers. Cette décomposition est unique à l'ordre près des facteurs. On note*
$$n = p_1^{\alpha_1} \times p_2^{\alpha_2} \times \ldots \times p_r^{\alpha_r}$$
*avec $p_1, p_2, \ldots, p_r$ nombres premiers distincts et*
$$\alpha_1, \alpha_2, \ldots, \alpha_r$$
*entiers naturels non nuls.*

**Propriété 18.10** *Soit*
$$p_1^{\alpha_1} \times p_2^{\alpha_2} \times \ldots \times p_r^{\alpha_r}$$
*la décomposition en produit de facteurs premiers d'un entier naturel n non nul. Tout diviseur de n admet une décomposition en produit de facteurs premiers de la forme*
$$p_1^{\beta_1} \times p_2^{\beta_2} \times \ldots \times p_r^{\beta_r}$$
*avec $0 \leq \beta_i \leq \alpha_i$ pour tout $1 \leq i \leq r$.*

**Théorème 18.3** *__Petit théorème de Fermat__ Si p est un nombre premier et si a est un entier non divisible par p alors $a^{p-1} - 1$ est divisible par p.*

**Corollaire 18.2** *Si p est un nombre premier et si a est un entier, alors $a^p - a$ est divisible par p.*

# 19 Matrices

**Définition 19.1** *Une matrice de taille $m \times n$ est un tableau de nombres formé de $m$ lignes et $n$ colonnes. Une telle matrice s'écrit sous la forme :*

$$\begin{pmatrix} a_{11} & a_{12} & a_{13} & .. & a_{1n} \\ a_{21} & a_{22} & a_{23} & . & a_{2n} \\ & \vdots & & \ddots & \vdots \\ a_{m1} & a_{m2} & a_{m3} & \cdots & a_{mn} \end{pmatrix}$$

*Les nombres $a_{ij}$ sont appelés les coefficients de la matrice.*

**Définition 19.2** *Une matrice de taille $n \times n$ est appelée une matrice carrée.*

**Définition 19.3** *Une matrice de taille $n \times 1$ est appelée une matrice colonne. Une matrice de taille $1 \times n$ est appelée une matrice ligne.*

**Propriété 19.1** *Deux matrices sont égales si, et seulement si, elles ont la même taille et ont les coefficients égaux placés aux mêmes positions.*

**Définition 19.4** *Soit $A$ et $B$ deux matrices de même taille. La somme de $A$ et $B$ est la matrice, notée $A + B$, dont les coefficients sont obtenus en additionnant deux à deux des coefficients qui ont la même position dans $A$ et $B$.*

**Propriété 19.2** *Soit $A, B$ et $C$ trois matrices carrées de même taille.*
— *Commutativité*
$$A + B = B + A$$

— *Associativité*
$$A + B = B + A$$

**Définition 19.5** *Soit $A$ une matrice et $k$ un nombre réel. La produit de $A$ par le réel $k$ est la matrice, notée $kA$, dont les coefficients sont obtenus en multipliant tous les coefficients de $A$ par $k$.*

**Propriété 19.3** *Soient $A$ et $B$ deux matrices carrées de même taille et deux réels $k$ et $k'$.*

$$(k+k')A = kA + k'A$$
$$k(A+B) = kA + kB$$
$$(kk')A = k(k'A)$$

**Définition 19.6** *Soit $A$ une matrice carrée de taille $n$ et $B$ une matrice colonne à $n$ lignes telles que :*

$$A = \begin{pmatrix} a_{11} & a_{12} & a_{13} & .. & a_{1n} \\ a_{21} & a_{22} & a_{23} & .. & a_{2n} \\ \vdots & & & \ddots & \vdots \\ a_{n1} & a_{n2} & a_{n3} & \cdots & a_{nn} \end{pmatrix} \text{ et } B = \begin{pmatrix} b_1 \\ b_2 \\ \vdots \\ b_n \end{pmatrix}$$

*Le produit de la matrice carrée $A$ par la matrice colonne $B$ est la matrice colonne à $n$ lignes, notée $A \times B$ et égale à :*

$$A \times B = \begin{pmatrix} a_{11} \times b_1 + a_{12} \times b_2 + \cdots + a_{1n} \times b_n \\ a_{21} \times b_1 + a_{22} \times b_2 + \cdots + a_{2n} \times b_n \\ \vdots \\ a_{n1} \times b_1 + a_{n2} \times b_2 + \cdots + a_{nn} \times b_n \end{pmatrix}$$

**Définition 19.7** *Soient $A$ et $B$ deux matrices de même taille. La produit de $A$ et $B$ est la matrice, notée $A \times B$, dont les colonnes correspondent au produit de la matrice $A$ par chaque colonne de la matrice $B$.*

**Propriété 19.4** *Soit $A, B$ et $C$ trois matrices carrées de même taille et un réel $k$.*
— *Associativité*
$$(A \times B) \times C = A \times (B \times C) = A \times B \times C$$
— *Distributivité*
$$A \times (B+C) = A \times B + A \times C$$
*et*
$$(A+B) \times C = A \times C + B \times C$$
$$(kA)B = A(kB) = k(A \times B)$$

**Définition 19.8** *Soit $A$ une matrice carrée et $n$ un entier naturel. Le carré de $A$ est la matrice, noté $A^2$, égale à $A \times A$. Le cube de $A$ est la matrice, noté $A^3$, égale à $A \times A \times A$. Plus généralement, la puissance n-ième de $A$ est la matrice, notée $A^n$, égale au produit de $n$ facteurs $A$*

**Définition 19.9** *On appelle matrice unité de taille n la matrice carrée formée de n lignes et n colonnes, telle que :*

$$I_n = \begin{pmatrix} 1 & 0 & 0 & \cdots & 0 \\ 0 & 1 & 0 & \cdots & 0 \\ \vdots & & & \ddots & \vdots \\ 0 & 0 & 0 & \cdots & 1 \end{pmatrix}$$

**Propriété 19.5** *Pour toute matrice carrée A de taille n, on a :*

$$A \times I_n = I_n \times A = A$$

**Définition 19.10** *Une matrice carrée A de taille n est une matrice inversible s'il existe une matrice B telle que*

$$A \times B = B \times A = I_n$$

*La matrice B, notée $A^{-1}$ est appelée la matrice inverse de A.*

**Propriété 19.6** *La matrice*

$$A = \begin{pmatrix} a & b \\ c & d \end{pmatrix}$$

*est inversible si, et seulement si,*

$$ad - bc \neq 0$$

**Propriété 19.7** *Soit A une matrice carrée inversible de taille n, et M et N deux matrices carrées ou colonnes de taille n. On a :*

$$A \times M = N$$

*si et seulement si,*

$$M = A^{-1} \times N$$

**Propriété 19.8** *Soit A une matrice carrée inversible de taille n et B une matrice colonne à n lignes. Alors le système linéaire d'écriture matricielle*

$$A \times X = B$$

*admet une unique solution donnée par la matrice colonne*

$$A^{-1}B$$

**Propriété 19.9** *Soit une suite de matrices colonnes $(U_n)$ de taille p telle que pour tout entier naturel n, on a*

$$U_{n+1} = AU_n$$

*où A est une matrice carrée de taille p Alors, pour tout entier naturel n, on a :*

$$U_n = A^n U_0$$

**Définition 19.11** *On dit qu'une suite de matrices colonnes $(U_n)$ de taille p est convergente si les p suites dont les termes sont les p coefficients de $(U_n)$ sont convergentes. La limite de cette suite est la matrice colonne dont les coefficients sont les p limites obtenues. Dans tous les autres cas, on dit que la suite est divergente.*

**Propriété 19.10** *Soit $(U_n)$ est une suite de matrices colonnes de taille p définie par la relation matricielle de récurrence*

$$U_{n+1} = AU_n + B$$

*où A est une matrice carrée de taille p et B est une matrice colonne à p lignes. Si la suite $(U_n)$ est convergente alors sa limite U est une matrice colonne vérifiant l'égalité*

$$U = AU + B$$

# 20 Graphes

**Définition 20.1** *Un graphe non orienté un ensemble de points, appelés sommets, reliés par des lignes, appelées arêtes. L'ordre du graphe est le nombre de sommets. Le degré d'un sommet est le nombre d'arêtes partant de ce sommet. Deux sommets reliés par une arête sont adjacents.*

**Définition 20.2** *Un graphe est dit complet si deux sommets quelconques sont adjacents.*

**Propriété 20.1** *La somme des degrés de tous les sommets d'un graphe est égale au double du nombre d'arêtes.*

**Définition 20.3** *Dans un graphe non orienté, une chaîne est une succession d'arêtes mises bout à bout. La longueur de la chaîne est le nombre d'arêtes qui la composent. On dit qu'une chaîne est fermée si ses extrémités coïncident. Un cycle est une chaîne fermée dont les arêtes sont toutes distinctes.*

**Définition 20.4** *Un graphe $G$ est connexe si chaque couple de sommets est relié par une chaîne.*

**Définition 20.5** *Soit un graphe $G$ non orienté d'ordre $n$ dont les sommets sont numérotés de $1$ à $n$. La matrice d'adjacence associée à $G$ est la matrice carrée de taille $n$ dont chaque terme $a_{ij}$ est égal au nombre d'arête reliant les sommets $i$ et $j$.*

**Propriété 20.2** *Soit une matrice d'adjacence $A$ d'un graphe $G$ non orienté d'ordre $p$ dont les sommets sont numérotés de $1$ à $p$. Le nombre de chaînes de longueur $n$ reliant le sommet $i$ au sommet $j$ est égal au coefficient $a_{ij}$ de la matrice $A^n$, $n \in \mathbb{N}^*$.*

**Définition 20.6** *Un graphe est orienté si ses arêtes, appelées arcs dans ce cas, ont un sens de parcours. Un chemin est une succession d'arcs mis bout à bout. Un circuit est un chemin fermé dont les arcs sont tous distincts.*

**Définition 20.7** *Un graphe est étiqueté si ses arêtes (ou ses arcs) sont affectés d'étiquettes (mots, lettres, symboles, nombres, ...) Dans le cas où les étiquettes sont des nombres, le graphe est dit pondéré. Les étiquettes sont appelées les poids entre les sommets. Le poids de chaîne (respectivement d'un chemin) est la somme des poids des arêtes (respectivement des arcs) constituant la chaîne (respectivement le chemin).*

**Définition 20.8** *Soit un graphe G orienté d'ordre n dont les sommets sont numérotés de 1 à n. La matrice d'adjacence associée à G est la matrice carrée de taille n dont chaque terme $a_{ij}$ est égal au nombre d'arcs orientés reliant le sommet i vers le sommet j.*

**Définition 20.9** *Un graphe probabiliste est un graphe orienté et pondéré possédant au plus un arc entre deux sommets et dont la somme des poids des arcs issus d'un même sommet est égale à 1.*

**Définition 20.10** *La matrice de transition d'une chaîne de Markov est la matrice carrée d'ordre n dont le coefficient $p_{ij}$ situé sur la ligne i et la colonne j est la probabilité de transition portée par l'arc reliant le sommet i vers le sommet j s'il existe et 0 dans le cas contraire.*

**Définition 20.11** *L'état probabiliste après n étapes de la chaîne de Markov est la matrice ligne dont les coefficients sont les probabilités d'arrivée en chaque sommet après n étapes.*

**Propriété 20.3** *On considère une chaîne de Markov de matrice de transition P et dont la matrice ligne des états à l'étape n est $\pi_n$ Pour tout entier naturel n, on a :*

$$\pi_{n+1} = \pi_n \times P$$

*et*

$$\pi_n = \pi_0 \times P^n$$

*où $\pi_0$ est l'état initial.*

**Définition 20.12** *On dit qu'une chaîne de Markov de matrice de transition P est convergente si la suite des matrices lignes $(\pi_n)$ des états de la chaîne de Markov converge.*

**Définition 20.13** *Si la suite $(\pi_n)$ des états d'une chaîne de Markov convergente vérifie*

$$\pi_{n+1} = \pi_n \times P$$

*alors la limite $\pi$ de cette suite définit un état stable solution de l'équation*

$$\pi = \pi P$$

**Propriété 20.4** *On considère une chaîne de Markov de matrice de transition P sur un graphe à deux sommets où $0 < p < 1$ et $0 < q < 1$. Alors on a :*

$$P = \begin{pmatrix} 1-p & p \\ q & 1-q \end{pmatrix}$$

*Et la suite des matrices lignes $(\pi_n)$ des états de la chaîne de Markov converge vers un état stable $\pi$ tel que*

$$\pi = \pi P$$

*$\pi$ ne dépend pas de l'état initial $\pi_0$*

# Une humble requête

Cher lecteur,

Les Éditions Ducourt sont une entreprise familiale qui ne doit sont existence qu'à ses lecteurs.

C'est pourquoi nous vous prions, si vous avez apprécié ce livre, de bien vouloir prendre quelques minutes pour nous laisser un avis sur la page Amazon de ce livre.

<u>Chacune de vos revues</u> est essentielle à notre succès, et nous permet de continuer à écrire des livres de qualité.

Nous sommes extrêmement reconnaissants pour votre support et nous espérons que nous avons réussi à vous délivrer un livre qui vous a été utile.


Amicalement
Les Editions Ducourt

www.ingramcontent.com/pod-product-compliance
Lightning Source LLC
Chambersburg PA
CBHW081454220526
45466CB00008B/2635